やさしく学ぶ
ディープラーニングがわかる
数学のきほん

アヤノ&ミオと学ぶ
ディープラーニングの理論と数学、実装

スマートニュース株式会社
立石賢吾 著

JN135719

● 本書のサポートサイト
　本書の補足情報、訂正情報などを掲載してあります。適宜ご参照ください。

http://book.mynavi.jp/supportsite/detail/9784839968373.html

● 本書は2019年6月段階での情報に基づいて執筆されています。
　本書に登場するソフトウェアやサービスのバージョン、画面、機能、URL、製品の
　スペックなどの情報は、すべてその原稿執筆時点でのものです。
　執筆以降に変更されている可能性がありますので、ご了承ください。
● 本書に記載された内容は、情報の提供のみを目的としております。
　したがって、本書を用いての運用はすべてお客様自身の責任と判断において行って
　ください。
● 本書の制作にあたっては正確な記述につとめましたが、著者や出版社のいずれも、
　本書の内容に関してなんらかの保証をするものではなく内容に関するいかなる運用
　結果についてもいっさいの責任を負いません。あらかじめご了承ください。
● 本書中の会社名や商品名は、該当する各社の商標または登録商標です。

本書中では™および®マークは省略させていただいております。

はじめに

ニューラルネットワークやディープラーニングというアルゴリズムと共に、AI（人工知能）という単語が注目を浴びるようになってきました。AIというと大層なモノのように聞こえますが、いったいそれで何ができるのか、どう私たちの生活を変えてくれるのか、それを具体的にイメージできる人はまだまだ多くないのではないでしょうか。

近年ではニューラルネットワークに関するフレームワークやライブラリ、データセット、学習環境、ドキュメントなどが充実しており、簡単に試すことができるようになってきました。難しくて複雑な部分はうまく隠蔽されており、実際のニューラルネットワークの中でどのような動きが起こっているのかを知らなくても手軽に実装することができます。しかし、やはりその裏側を知っているに越したことはありませんし、基礎を知ることで応用につながり、ひいてはAIとしてのニューラルネットワークの活用先もイメージしやすくなるでしょう。

本書は、ニューラルネットワークに興味を持ち始めてその中身をしっかり理解したいと思っているエンジニアの方々を対象としています。ニューラルネットワークのことが気になっているアヤノを主人公として、アヤノの友だちでニューラルネットワークに詳しいミオ、そしてニューラルネットワークを勉強中のユーガ、彼ら3人の登場人物の会話を通して、ニューラルネットワークとは一体何なのかを紐解きながら一緒に勉強していきます。数学的な側面からの理解にも力を入れているため、初学者向けには珍しく本編にはたくさんの数式が出てきますが、登場人物との会話の中で自然と数式を理解できるように配慮していますので、極端に数式を恐れずにゆっくり読み進めてみてください。

そうやって本書で得た基礎知識を元に、どういう行動を取るかはあなた次第です。ニューラルネットワークは日々信じられない程のスピードで発展しており、様々な分野で多くの成果を生み出しています。学んで終わるだけではなく、ぜひともニューラルネットワークの価値やその活用先を考えながら実践してみてください。

それではアヤノ、ミオ、ユーガと一緒にニューラルネットワークを学ぶ旅へ出かけましょう。

2019 年 7 月
立石 賢吾

各章の概要

Chapter 1　ニューラルネットワークを始めよう

ニューラルネットワークがどういうものなのか、まずは他の機械学習のアルゴリズムとの違いを踏まえながら説明します。そして、ニューラルネットワークがどんな構造をしていて、どういうことができるのか、図や簡単な数式を使って解説します。

Chapter 2　順伝播を学ぼう

パーセプトロンというニューラルネットワークを構成する単純なアルゴリズムについて、どんな風に計算が行われるかを解説します。画像のサイズを判別する問題を例にとり、入力値から出力値まで順に計算していく「順伝播」を学びます。

Chapter3　逆伝播を学ぼう

ニューラルネットワークで、適切な重みとバイアスをどのように計算して求めればよいかについて説明します。微分を使って、「誤差」をなるべく小さくするように重みとバイアスを更新していきますが、正攻法では計算が大変になってしまいます。そこで、計算を簡単にする「誤差逆伝播法」を使います。

Chapter 4　畳み込みニューラルネットワークを学ぼう

ニューラルネットワークの基本的な仕組みがわかったところで、畳み込みニューラルネットワークを使った画像処理について学んでいきます。畳み込みニューラルネットワーク特有の仕組みや計算を取り上げながら、重みとバイアスの更新方法まで説明します。

Chapter 5　ニューラルネットワークを実装しよう

ここまでの章で学んだニューラルネットワークの計算方法を踏まえ、Python でプログラミングをしていきます。Chapter 2、3 で登場した、基本的なニューラルネットワークを使った画像のサイズ判定と、Chapter 4 で登場した畳み込みニューラルネットワークを使った手書き文字認識を実装します。

Appendix

Chapter 1 から Chapter 5 までには入りきらなかった数学の知識と、Python でプログラミングするための環境構築、Python と NumPy の簡単な説明を入れています。
総和の記号／微分／偏微分／合成関数／ベクトルと行列／指数・対数／ Python 環境構築／ Python の基本／ NumPy の基本

Contents

やさしく学ぶ
ディープラーニングがわかる数学のきほん

はじめに 003
各章の概要 005

Chapter 1 ニューラルネットワークを始めよう 011

1 ニューラルネットワークへの興味 012
2 ニューラルネットワークの立ち位置 014
3 ニューラルネットワークについて 016
4 ニューラルネットワークができること 023
5 数学とプログラミング 030
Column ニューラルネットワークの歴史 033

Chapter 2 順伝播を学ぼう 039

1 まずはパーセプトロン 040
2 パーセプトロン 042
3 パーセプトロンとバイアス 045
4 パーセプトロンによる画像の長辺判定 048
5 パーセプトロンによる画像の正方形判定 051
6 パーセプトロンの欠点 054
7 多層パーセプトロン 058
8 ニューラルネットワークによる画像の正方形判定 062
9 ニューラルネットワークの重み 065
10 活性化関数 076
11 ニューラルネットワークの実体 079

Contents

Chapter 2

12	順伝播	084
13	ニューラルネットワークの一般化	090
Column	活性化関数って一体なに？	093

Chapter 3

逆伝播を学ぼう　099

1	ニューラルネットワークの重みとバイアス	100
2	人間の限界	102
3	誤差	105
4	目的関数	110
5	勾配降下法	117
6	小さな工夫デルタ	129
7	デルタの計算	140
7-1	出力層のデルタ	140
7-2	隠れ層のデルタ	144
8	バックプロパゲーション	151
Column	勾配消失って一体なに？	155

Chapter 4

畳み込みニューラルネットワークを学ぼう　161

1	画像処理に強い畳み込みニューラルネットワーク	162
2	畳み込みフィルタ	164
3	特徴マップ	172
4	活性化関数	175
5	プーリング	177

Contents やさしく学ぶ
ディープラーニングがわかる数学のきほん

Chapter 4

6	畳み込み層	178
7	畳み込み層の順伝播	186
8	全結合層の順伝播	196
9	逆伝播	200
9-1	畳み込みニューラルネットワークの逆伝播	200
9-2	誤差	202
9-3	全結合層の更新式	207
9-4	畳み込みフィルタの更新式	211
9-5	プーリング層のデルタ	215
9-6	全結合層に接続される畳み込み層のデルタ	217
9-7	畳み込み層に接続される畳み込み層のデルタ	222
9-8	パラメータ更新式	227
Column	交差エントロピーって一体なに？	231

Chapter 5

	ニューラルネットワークを実装しよう	237
1	Pythonで実装してみよう	238
2	アスペクト比判定ニューラルネットワーク	239
2-1	ニューラルネットワークの構造	242
2-2	順伝播	244
2-3	逆伝播	249
2-4	学習	254
2-5	ミニバッチ法	260
3	手書き数字画像識別　畳み込みニューラルネットワーク	265
3-1	データセットの用意	267

Contents

Chapter 5			
	3-2	ニューラルネットワークの構造	273
	3-3	順伝播	276
	3-4	逆伝播	288
	3-5	学習	296
	Column	後日談	307

Appendix			
	1	総和の記号	312
	2	微分	313
	3	偏微分	317
	4	合成関数	319
	5	ベクトルと行列	322
	6	指数・対数	325
	7	Python環境構築	327
	8	Pythonの基本	330
	9	NumPyの基本	338

索引　　349

登場人物紹介

アヤノ

ニューラルネットワークを勉強中のプログラマ。仕事でも使う機会が増えてきている。まじめだけど、ちょっとお調子者。お菓子が好きな24歳。

ミオ

アヤノの大学時代からの友人。大学の専攻はコンピュータービジョン。アヤノに頼まれると嫌とは言えない。やっぱり甘いものが好き。

ユーガ

アヤノの弟。理系の大学4年生。コンピュータサイエンスの授業を受けている。将来は機械学習を使って何かをするエンジニアになりたい。

Chapter 1

ニューラルネットワークを始めよう

ディープラーニングに興味が出てきたアヤノは、
友人のミオに相談します。
しかし、実はほとんどディープラーニングのことが
分かっていなかったアヤノ。
ミオはいちから説明していきます。
難しい数式もプログラムもなしで、
ディープラーニングがどういうものなのか、
みなさんも一緒に学んでください。

Section 1 ニューラルネットワークへの興味

最近ディープラーニングに興味が出てきたから、勉強したいと思ってるんだよね。

それで私に相談？

うん。ミオって数学得意でしょ？ 前に機械学習の数学を私に教えてくれたことがあったけど、すごくわかりやすかったんだよね。

そっか。そう言ってもらえると嬉しいな。

だからさ、またミオに教えて欲しいな、って思って。ミオはディープラーニングのこと詳しい？

人並みに基礎は勉強したかな。私はコンピュータービジョンの研究をしてたけど、何度か研究用にモデルも作ったことがあるよ。

さすがミオね！ 私の周りはディープラーニングの話題で持ち切りだからさ。今のうちにキャッチアップしておきたい。

ディープラーニングというか、ニューラルネットワークの勢いは確かにすごいよね。

そうそう、ニューラルネットワークとも言うんだっけ？ AIとか人工知能とかいう単語も一緒に出てくることが多いよね。

アヤノはニューラルネットワークを使って何をしたいの？

えっ、うーん……。AIってなんて未来感がスゴイよね。ワクワクしちゃう。なんでもいいから何か作ってみたいなー、って。

はは。本当は何をしたいかという目的を考えることも大事なんだけどね。

あははー、まあ私いつもそんな感じだから。

でもその「やりたい！」って気持ちもわかるよ。アヤノはもう自分でニューラルネットワークの勉強はじめてるの？

まだちゃんとやってない……。しっかり勉強しようとするとやっぱり数学が出てくるからさ、ちょっとインターネットで検索したくらい。

そっか。じゃあ、ニューラルネットワークのことはどこまで知ってるのかな？

人間の脳の機能を真似したようなものだ、っていう説明は読んだなぁ。

それはよく使われる説明だね。

あとは……よくわかんない。なんだかスゴくて、いろんなことができそうだっていう雰囲気はわかるよ。

ほとんど何も知らないってことじゃん……。

そ、そうとも言う。実はニューラルネットワークとディープラーニングの違いもあんまり分かってないんだよね。

じゃあ、まずはニューラルネットワークがどういうものなのかを、ディープラーニングと比較しながら概要を見ていったほうが良さそうね。

やったー！　さすがミオね。ちょっと紅茶とデザートもってくるよ。ミオもいる？

欲しい!

Section 2 | ニューラルネットワークの立ち位置

まずは全体を俯瞰した図を描いてみた。

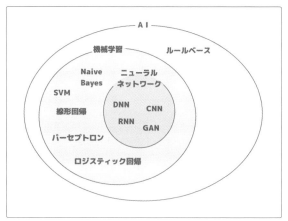

図1-1

AIと呼ばれる全体の中でニューラルネットワークがどの位置にあるのか確認してみて。

機械学習の分野の1つなんだね。

線形回帰やパーセプトロン、ロジスティック回帰のことは知ってる? ニューラルネットワークは、そういう機械学習のアルゴリズムの仲間なんだよ。

そうだったんだ! ニューラルネットワークって、まったく新しい何かなのかと思ってたよ。

ニューラルネットワークの歴史はそれなりに古くてね。他の機械学習アルゴリズムと同じで、回帰や分類を解くことができる。

最近すごく流行ってるから少し勘違いしてたけど、最新の革新的な技術ってわけじゃなかったんだね。

回帰と分類のことは覚えてる？

回帰は連続値を扱うものだよね。たとえば過去の株価から未来の株価やそのトレンドを予測したりすること。

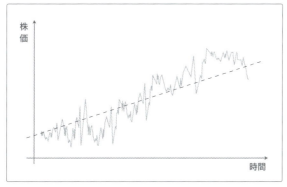

図1-2

分類は連続値じゃなくて、たとえばメールを「スパムメールである」か「スパムメールではない」に分けるような問題のこと。

メールの内容	スパムかどうか
お疲れ様です。今度の日曜日に遊びに行こうと……	×
わたしと友達になってネ。写真もあるよ！http://..	○
おめでとうございます。ハワイ旅行に当選しま……	○

表1-1

私の理解、あってる？

完璧じゃん！

でもさ、回帰と分類を解くだけなら、これまでのアルゴリズムとあまり変わらないってことじゃない？

ニューラルネットワークは他には無い特徴を持ってるからね。それを知るためにも導入としてまずは、ニューラルネットワークの中身を覗きながらそれがどんなものなのかを一緒に考えていこう。

Section 3 ニューラルネットワークについて

最初にアヤノが言ったように、ニューラルネットワークは人間の脳機能を真似しようとしたもので、脳の中の**ニューロン**と呼ばれる細胞が元になってるんだよ。

ニューロン……そういう細胞が私たちの頭の中にあるわけ？

うん、そうだと思う。私も脳機能について詳しいわけじゃないから、ニューロンって物の正体はちゃんと理解してないんだけどね。

そっか。ミオが知らないなら、ニューロンそれ自体は重要じゃないんだね。

そこまで突っ込まなくていいよ。重要なのは、それをどうやって数学的に記述できる形で表すのか、ということだからね。こんな図を見たことない？

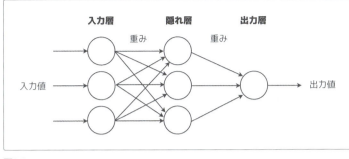

図1-3

ニューラルネットワークは形式的にはこんな風に表現されることが多くて、丸い形をしたものがニューロンを表している。**ユニット**と呼ばれることもあるかな。

こういう図はよく見るね。丸い部分から矢印がたくさん出てて、別の丸いやつにつながってるような図。

これは、入力値が重み付けされながらユニットの層を右に進んでいって最終的に値を出力する、という動作を形式的に図にしたものだね。

左から右に進む感じはなんとなくわかるけど、どんな値を入力してどんな値が出力されるのか、なんか抽象的でイメージできないなぁ。

簡単な例を考えてみるといいかもね。たとえば……

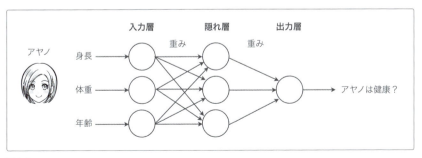

図1-4

これは、アヤノの身長・体重・年齢をニューラルネットワークに与えると、アヤノが健康かどうかを判断してくれる例ね。

おぉ、なるほど。私の情報を渡してあげると、私の健康状態がわかるってことか。

もちろん、ニューラルネットワークに渡す情報は誰のでも良くて、私のでもいいんだけどね。

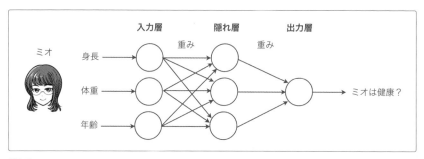

図1-5

ニューラルネットワークはユニットのつながりごとに**重み**と呼ばれる値を持っているんだけど、その重みは情報の重要度や関連性を表す指標になっているの。

身長が低くても高くても健康には関係なさそうだけど、若い人より高齢の人の方が免疫力が低くて病気がちだろう、みたいなことが重みによって表されてる感じ？

うん、たとえばね。

へぇ〜。なんか実際に病院で診断してくれるお医者さんみたいだね。

確かにね。実際、医者が診断する時も、患者さんの各種情報から重要度や関連性を総合的に見て判断するはずだしね。

じゃあ、ニューラルネットワークを使うためには、まずは重みが必要なんだね。

そうそう。でも、最適な重みって最初はわからない状態。だから、その重みを求めるために機械学習を活用するの。

お、ここで機械学習が出てくるわけね。

人間のことを考えてもさ、医者になりたての時って、患者の健康状態を判断する時に何が重要で何と何がどれくらい関連しているか、という情報をすべて把握してるわけじゃないよね。

いろんな患者さんの症例を見ていくうちに経験と勘が蓄積されてきて初めて賢くなってくると思うの。それは、重みを学習しているのと似てるね。

ふーん、なるほどねぇ……。

ニューラルネットワークっていうのはユニット同士がつながったもので、そのユニットの間にある重みを学習するために機械学習を使っていく、と言える。

でもさ、医者の話に戻るけど、いくら経験を積んだ人でも身長・体重・年齢だけじゃ健康かどうかってわからないよね？ たぶん。

もちろんそうだと思うよ。さっきの例は適当に思いついた情報を選んだけど、本当は他のいろんな要素も絡んでくるはず。

健康状態の把握に関しては、身長とか体重よりも体温とか血圧とかの方が有用そうだけど。

うん、そういう情報があるとより判断しやすいだろうね。

そういう時は身長と体重の代わりに、体温と血圧を入力するといいのかな。

別に入力値は3個だけってわけじゃないんだよ。こんな風に増やしても大丈夫。ちょっと線が多くてゴチャゴチャしてるけど……。

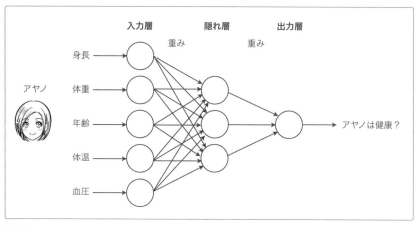

図1-6

必要そうな情報は全部まとめて突っ込めばいいのか。

入力値は何個でも追加できるし、好きなものを追加していいよ。

すごい。何個でもいいんだ。

入力値だけじゃなくて、真ん中にある隠れ層のユニット数も自由に変えちゃっていいよ。

えっ、そうなんだ。たとえば5個にするとか？　なんか線ばっかりでグチャグチャになったけど……。

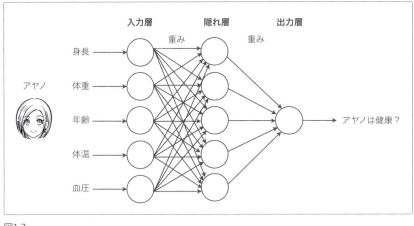

図1-7

大丈夫だよ。実用的なものだと図に書けないぐらいたくさんのユニットがつながることになるしね。100個とか1,000個とか。

そんなに大きなニューラルネットワーク……頭の中で想像できない。

あとは、ユニットの数を増やすだけじゃなくて、層を増やすのも自由。

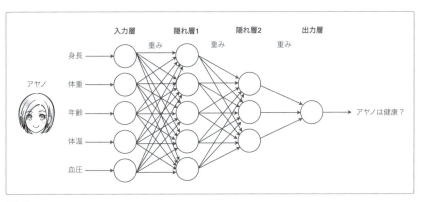

図1-8

さらに複雑になったね……。

層の数や、各層にいくつのユニットを置くか、というようなニューラルネットワークの構造は開発者が好きに決められるんだよ。

へぇ〜、そうなんだ。かなり自由にいろいろ変えていいんだね。

さっき層の数を増やしたけど、この層をどんどん増やして深くしたニューラルネットワークのことを**ディープニューラルネットワーク**って呼んでDNNと書くこともある。

なるほど。深い層のニューラルネットワークってことね。

そして、そういう深い層のニューラルネットワークの重みを学習させることを**ディープラーニング**とか**深層学習**って言うんだよ。

なるほど！ そういうことかぁ。

深い層のニューラルネットワークを学習する、っていう意味だね。

層の数とかユニットの数って、多ければ多いほどいいの？

そうとも言えないかな。複雑な構造になればなるほど学習には大量のデータが必要になってくるし、実行にも時間がかかるようになってくるし、いろいろと一筋縄では行かなくなる。

そっかぁ。複雑になりすぎてもダメなんだね。じゃあ、ニューラルネットワークの構造ってどうやって決めればいいんだ？

試行錯誤が必要になってくる部分だね。

うっ、そうなんだ。なんだかその辺、面倒臭そうだなぁ。

ニューラルネットワークの構造の話だと、あとはユニット同士のつなげ方も変えることができるよ。完全にデタラメでいいわけじゃないけど、たとえば**畳み込みニューラルネットワーク**は、つなげ方を変えたものの代表だね。

ユニット同士のつながり方もニューラルネットワークの構造の1つってこと？ さらに複雑なものができあがりそうだね……。

今の時点から難しく考えすぎちゃダメだよ。ニューラルネットワークがどういうものなのか、イメージができるようになってればそれで十分。

中身をちゃんと理解しようとするともっと難しいんだろうけど、イメージはできるようになったかな。

今は概要を理解することが目的だからね。

Section 4　ニューラルネットワークができること

ニューラルネットワークは回帰や分類を解けるという話をしたけど、もう少し具体的に踏み込もうと思ってるんだけどね。

ニューラルネットワークって、入力値が重み付けされながらユニットの中を流れていって、最後に何かしらの値が出力されるという動作をするよね。

あ、うん。ちょっと思ったんだけどさ、入力値を与えて出力値を得るって、なんだか数学の関数みたいだね。変なこと言ってるかもしれないけど……。

ほら、数学の関数ってさ、たとえば$f(x) = y$って書くよね？ それってxという入力値をfという関数に与えて、最終的にyという出力値を得てるわけだからニューラルネットワークに似てるなぁ、と思って。

アヤノ、良いところに気付いたね！ 私もその話をしようと思って、入力値と出力値の話題を出したんだよ。

えっ、そ、そうなの？

ニューラルネットワークって、層がいくつあるとかユニットがいくつあるとか、そういう要素で構造が変わってくるけど、俯瞰してみれば実は1つの大きな関数になっているの。

fという関数がニューラルネットワークの実態ってことになるのかな。

うん、アヤノの言う通りでfがニューラルネットワークの実態。その中身はちゃんと数式で表せるんだけどそれは後で詳しく見るとして、もう少し具体的にfの動作を見ていこう。

うん、いいね。だんだんニューラルネットワークのこと理解できてる気がして、いい感じだな〜。

健康かどうかを判定してくれるニューラルネットワークなんだけど、たとえば実数が出力されるように学習させたとすると、それは回帰の問題を解いているということになる。

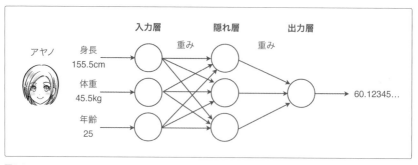
図1-9

うん。高ければ高いほど健康である、と解釈すればいいのかな。

そうだね、健康指標とでも呼ぶとわかりやすいかもね。

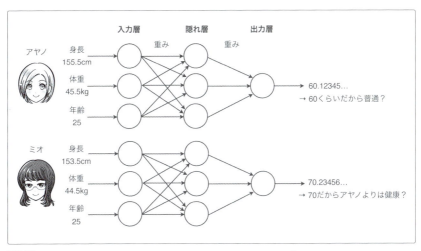

図1-10

私たちの身長・体重・年齢から健康指標という連続値を予測するってことだよね。

この場合、f に私たちの情報が渡されて、それが連続値を返すと考える。

$$f(\text{アヤノの身長}, \text{アヤノの体重}, \text{アヤノの年齢}) = 60.12345\cdots$$
$$f(\text{ミオの身長}, \text{ミオの体重}, \text{ミオの年齢}) = 70.23456\cdots \quad (1\text{-}1)$$

こういう具体例があるとイメージしやすくていいね。

これはニューラルネットワークを使った回帰の具体例の1つだね。

分類も $f(x) = y$ の形で考えられる？

よし。じゃあ、今度は分類するニューラルネットワークについて考えてみよう。

たとえば「健康である」と「健康ではない」に分類する問題とかだよね。

そうだね。そういう二値分類に関しては、健康指標が50以上あれば「健康である」というように、出力値に対するしきい値を決めることで回帰の延長として分類先を判断できるけど、ここでは分類先が3つ以上ある場合のことを考えてみたいの。

なるほど。分類先が3つか……。んー、どういう例があるかな。「健康である」「健康ではない」「判断不可能（要精密検査）」とか？

そうそう、そんな感じ。そんな風に3つの結果に分類する場合、こうやって出力層のユニットを3つに増やすの。

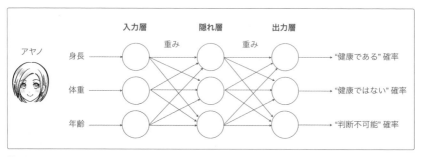

図1-11

出力されるのは確率だから、出力層の3つのユニットが出力する値の合計が1になるようにするのが約束ね。

3つのユニットの出力値の中から一番確率が高いものを選んで、それを分類結果とする、ってこと？

そうだよ。たとえばニューラルネットワークがこんな値を出力したとすると、どれに分類されるかは簡単にわかるよね。

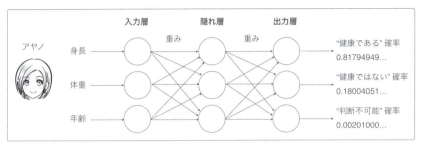

図1-12

「健康である」確率が81.7％で一番高いから、私は健康であると言えるってことかな。

そういうこと。

回帰と違って、複数個の出力があるんだね。これ $f(x) = y$ の形で表せるの？

この場合、出力値が列ベクトルになると考える。

$$f\left(\text{アヤノの身長, アヤノの体重, アヤノの年齢}\right) = \begin{bmatrix} 0.81794949\cdots \\ 0.18004051\cdots \\ 0.00201000\cdots \end{bmatrix} \quad (1\text{-}2)$$

なるほど……。じゃあ、分類先が3つ以上あるような問題を解く時は、分類先の数だけ出力層のユニットを増やせばいいんだね。そして出力値は分類先の数と同じだけの要素があるベクトルになる、と。

うん、基本的にはそうやって解くことが多いね。

これまで画像の話がなかったけど、ニューラルネットワークって画像に対しても使われるんだよね？

もちろん画像にも適用できるよ。たとえば画像に何が写っているのかを分類したりね。画像の場合、基本的には画像のピクセル数だけ入力を増やすことになるかな。

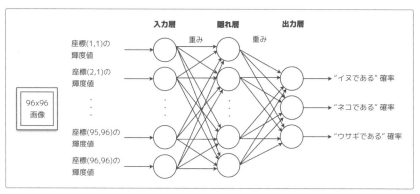

図1-13

$$f(輝度値_{(1,1)}, \cdots , 輝度値_{(96,96)}) = \begin{bmatrix} イヌである確率 \\ ネコである確率 \\ ウサギである確率 \end{bmatrix} \quad (1\text{-}3)$$

輝度値っていうのは画像をグレースケールで表した時の明るさのことなんだけど、この例の入力画像は96×96のサイズだから、そういう明るさの値が全部で9216個あるということになるね。

うわ、9216個の入力か……すごいね。96×96っていうと画像としてはそこまで大きくないと思うけど。

画像は各ピクセルを入力とすることが多いから自然と入力層のサイズが大きくなってしまうね。カラー画像の場合は、各ピクセルのRGB値を入力にできるから単純に3倍になるよ。

そうすると96×96の画像でも、ニューラルネットワークの入力は3万個近くになるのか……。

実用的なものになると、そういう大きなサイズのニューラルネットワークが平気で出てくるけどね。

それが普通なんだね。

一度でも作ってみると慣れちゃうよ。

そういうもんですかね〜。

回帰と分類以外にもね、たとえばニューラルネットワークの出力層を96×96個にして輝度値を出力させるように学習させてあげれば……どうなると思う？

え、どうなるの？

今度はグレースケールの画像が出力されることになる。本当はもっと複雑になるはずだけど、たとえば図1-14のようなニューラルネットワークね。

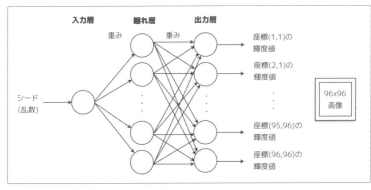

図1-14

$$f(シード) = \begin{bmatrix} 輝度値_{(1,1)} \\ \vdots \\ 輝度値_{(96,96)} \end{bmatrix}$$

(1-4)

入力層のシードって何？

画像の種みたいなものだよ。適当に乱数を与えると画像を1個出力してくれる。ニューラルネットワークの学習の方法を工夫すると、こんな風に画像を出力してあげることもできる。

うーん、なんかよくわからん……。

ここで私が言いたかったのはニューラルネットワークができることは回帰と分類だけじゃなくて、生成的なタスクにも応用ができるんだよ、ってこと。

生成的な、っていうのは、まさに今の例みたいに種から画像を生成するような?

うん、あくまでも一例だけどね。

ふーん、ニューラルネットワークって結構いろんなことができるんだね。

応用先はたくさんあるよ。

Section 5 数学とプログラミング

ニューラルネットワークを勉強するなら、もちろん数学の知識って必要だよね……。

確率と微分と線形代数の初歩的な知識があるといいね。

そうだよね。前に一度復習したけど忘れちゃったよ……使わないと忘れるからなぁ。

アヤノは理系だったしそこまで心配しなくても大丈夫じゃない？

うーん、でも不安。またイチから勉強しなおそうかなー。

時間があるならそれでもいいけど、とはいえそこまで難しいレベルの数学が必要になるわけじゃないからね。

適当に時間をみつけて基礎的な部分だけ復習しておくよ。

うん。全部を復習しなくても、わからない時にそのつど調べるスタンスでもついてこれると思うよ。

そういう時は、立ち止まって一緒に教えて欲しいな。

もちろん。

よーし、やるぞ〜。

アヤノはプログラミングは得意だったよね。

もっちろん。自分でWebサービスも運営してるしね。ミオよりできる自信はあるよ！

うん、プログラミングはかないそうにないな……。

機械学習関連だとPythonがいいよね。ライブラリも充実してるし。

うん。Pythonの方が勉強しやすいね。もちろん、CやRuby、PHP、JavaScriptなんかでも実装できるけどね。

言語はなんでも大丈夫。プログラミング経験者にとっては、どれも似たようなものだよ。

心強いね。プログラミングの心配はまったくなさそう。

あっ、紅茶……冷めちゃった。今日はこの辺にしよ。

今度はもっと具体的な話をしていこうね。

うん、楽しみ！

ニューラルネットワークの歴史

アヤ姉、最近ずっとパソコンに向かって何かしてるね。プログラミング？

ニューラルネットワークの勉強。

おっ、そうなんだ。僕も今ちょうど大学の講義でニューラルネットワークのことを習ってるところだよ。

へっ、今は大学でそんなこと勉強するんだ。いいなー、羨ましい。

だって、そういう学部だし。それに今はオンラインで受講できるコースもたくさんあるし、ニューラルネットワークの本もいっぱいあるから、やろうと思えば誰でもできるよね。

うん。恵まれてるよね。

ふーん、そうかぁ。アヤ姉がニューラルネットワークの勉強か。じゃあ、せっかくだからこの前の講義で聞いた話する？

どんな話？

ニューラルネットワークに冬の時代があったっていう話。

COLUMN

冬の時代その1

講義ではニューラルネットワークの歴史の話を聞いたんだけどね。今はこれだけ流行ってるニューラルネットワークだけど、出てきた当初からこんなにもてはやされてたわけじゃないんだ。

それ、まさにさっき私も調べてた！

へぇ。それなら話題としてはちょうど良かったね。

ニューラルネットワークがどんなものなのかは、友だちから教えてもらったんだよね。でも、それがどんな風に世の中に広がっていったのかを知りたくて調べてた。

ふーん。じゃあ、ニューラルネットワークの原型になったものって知ってる？

パーセプトロンってやつだよね。

うん。1950年代にはじめてその考え方が出てきて、これはすごい！って流行ったみたいだね。当時はパーセプトロンに関するいろんな研究がされてたって。

私も記事で読んだよ。でもなんか、単純な問題しか解けない、みたいな欠点があって次第に注目されなくなっていったんだよね？

そうそう。世の中のほとんどの問題は複雑じゃん？ だからパーセプトロン単体だと応用が効かなくて、みんな熱が冷めていったんだよ。

複雑な問題を解けないなら、解けるように頑張って研究する流れにはならなかったのかな。

実際には、パーセプトロンを組み合わせたもの、つまりニューラルネットワークを使って複雑な問題を解けそうだという意見も当時からあったみたいだよ。

あれ、そうだったんだ。

でも、パーセプトロン単体の学習方法はすでに知られてたけど、それを組み合わせたニューラルネットワークの効率的な学習方法がわからなくて困ってたみたい。

ニューラルネットワークの考え方自体は結構古くからあるんだ……。当時はいろいろ困難があったんだね。

それで最初の冬の時代に突入したんだろうね。

最初の？

冬の時代その2

その冬の時代はしばらく続いたけど、1980年代になって理論的には誤差逆伝播法という方法でニューラルネットワークを学習できることが発見されるんだよ。

学習できるようになったんなら、それで冬の時代は終わりなんじゃないの？

一旦は終わってまた流行ったけど、それも一過性のものだったみたいだよ。まだ難しい問題は残ってたってこと。

そうなんだ。何がいけなかったんだろう？

COLUMN

ニューラルネットワークの訓練に必要な学習データが圧倒的に不足してたみたいだね。

それって……理論以前のそもそもな部分だね。

それに、規模の大きなニューラルネットワークだと理論上は学習可能でも、実際には勾配消失(※1)という問題が起こってうまく学習できないことも多かったみたい。

やり方がわかったからといって、すべてがうまくいっていたわけじゃなかったんだ。

そして2度目の冬の時代が始まったってことだね。

ニューラルネットワークも、ちやほやされたりそっぽ向かれたり大変だね。

はは、そうだなぁ。

そこからどれくらい冬の時代が続いたんだろう。

2000年代になってインターネットが普及しはじめてから、たくさんのデータが比較的簡単に手に入るようになって、また注目を浴びてくるようになって今に至るって言ってた。

そうか。インターネットの力は大きいよねぇ。

※1　Chapter 3 のコラムで解説があります

それに、冬の時代の間にも熱心に研究を続けていた人たちのおかげで技術も進歩して、いろいろな技術的な課題に対応できるようになったことも大きいだろうね。

そういうことが積み重なって、今のこのブームがあるわけだね。

そうだねぇ。今は流行してるけど、この先また冬の時代が来るかもわからない。

今聞いた歴史に学べば、ニューラルネットワークは栄枯盛衰してるわけだしね。

そうそう。まあ別に不安にさせたかったわけじゃなくて、ただせっかく聞いた話を誰かにしてみたかっただけ。

最近は実用化も始まってるって聞くし、ニューラルネットワーク自体は有用だと思うから勉強は無駄にはならないと思うけどなぁ。

そうだね。勉強、頑張ってね。

そっちも頑張るんだよ！

Chapter 2

順伝播を学ぼう

アヤノは、まず「パーセプトロン」という、
2つの選択肢から1つを選ぶ問題が解ける
アルゴリズムについて勉強するようです。
たとえば1つの画像をパーセプトロンに与えて、
その画像が縦長か、横長かを判別したいとき、
実際にはどのような計算が行われているのでしょうか。
アヤノと一緒に1つずつ数式を考えていってください。

Section 1 まずはパーセプトロン

今日はニューラルネットワークの理論について勉強したいな。

ニューラルネットワークを説明するためには、まずはパーセプトロンを理解するところから始めたほうがいいね。

うん。機械学習の入門によく出てくる単純なアルゴリズムだよね。

最初の取っ掛かりとしては有名だね。たとえば、こういう簡単な二値分類の問題を解ける。

> ・画像が与えられた時に、その画像が「縦長」なのか「横長」なのかを分類
> ・色が与えられた時に、その色が「暖色」なのか「寒色」なのかを分類

うんうん。それに、パーセプトロンはニューラルネットワークの元になってるアルゴリズムなんだよね？

おっ、よく知ってるね。

今はインターネットという便利なものがありますからね〜。この前、ミオからニューラルネットワークのこと教えてもらった後に自分で調べてみた。

そうなんだ！ すごく積極的じゃん。じゃあ、もしかしてパーセプトロンの説明はしなくてもいいかな？

あっ、イヤ、そういうことじゃ、なくて……。

ははは。大丈夫、ちゃんと説明するよ。

理論の話になると数学が絡んでくるだろうし、ミオと一緒に勉強したかったんだよね。調べたと言ってもちょっとだけだし……。

そうだと思った(笑)。

だってさー、数学が絡むと一人ではやる気が出ないし、ミオは教え方が上手だもん！

そんなこと言っても何も出ないよ。

マカロン買ってきたけど食べる？

食べる！

先にお礼。

仕方ないなぁ。

Section 2 パーセプトロン

ニューラルネットワークと同じように、パーセプトロンにも形式的な図の表現があるんだけど、こういう図を見たことない?

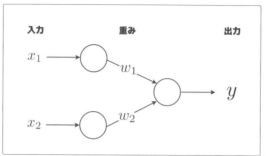

図2-1

うん、よく見る。ニューラルネットワークに似てるよね。

そうだね。図2-1の場合は2つの入力 x_1, x_2 があって、それぞれに対応する重み w_1, w_2 がある状態ね。重みは英語でweightと書くからその頭文字を取って w ね。

出力の y は何? どういう値が出てくるの?

同じ添字の入力と重みを掛けて、最後にそれらを足しあわせた結果が、あるしきい値 θ より大きいか小さいかによって0または1が出力される。

$$y = \begin{cases} 0 & (w_1 x_1 + w_2 x_2 \leq \theta) \\ 1 & (w_1 x_1 + w_2 x_2 > \theta) \end{cases}$$

(2-1)

$w_1 x_1 + w_2 x_2 \leq \theta$ の時に $y = 0$ になって、逆に $w_1 x_1 + w_2 x_2 > \theta$ の時に $y = 1$ になる、ってこと?

うん、これがパーセプトロンの仕組み。難しくないでしょ？

んー、文字とか数式が出てくるといきなり難しそうに感じる……。

数式といっても足し算と掛け算だけだし、最終的には0か1が出力されるだけだから、あまり難しく考えない方がいいよ。

突然たくさん文字が出てくると身構えちゃうんだよね。

総和の記号を使ってこんな風に書かれることもあるよ。ちょっとだけシンプルになる。

$$y = \begin{cases} 0 & (\sum_{i=1}^{2} w_i x_i \leq \theta) \\ 1 & (\sum_{i=1}^{2} w_i x_i > \theta) \end{cases} \quad (2\text{-}2)$$

おっ、きたね、シグマ……。私からすると逆に複雑になったように感じるけど。

パーセプトロンの入力や重みは列ベクトルとして表されることも多いから、こんなベクトルを考えてもいいよ。

$$\boldsymbol{x} = \begin{bmatrix} x_1 \\ x_2 \end{bmatrix}, \quad \boldsymbol{w} = \begin{bmatrix} w_1 \\ w_2 \end{bmatrix} \quad (2\text{-}3)$$

そうするとベクトルの内積を使って、こんな風に簡潔に書けるね。

$$y = \begin{cases} 0 & (\boldsymbol{w} \cdot \boldsymbol{x} \leq \theta) \\ 1 & (\boldsymbol{w} \cdot \boldsymbol{x} > \theta) \end{cases} \quad (2\text{-}4)$$

おっ、これだとシンプルになったように見える！

文字や記号も少ないしね。

式2-1も 式2-2も 式2-4も、全部同じこと言っくるんだよね？

そうだよ。式2-4ではベクトルの内積を使ったけど、ベクトルの内積っていうのは各要素を掛けて足し合わせたものだから、結局は 式2-1や 式2-2と同じものになる。

$$\bm{w} \cdot \bm{x} = \sum_{i=1}^{n} w_i x_i$$

（2-5）

今考えている $\bm{w}$ と $\bm{x}$ はそれぞれ要素を2つずつ持ってるから、式2-5の n は2ってことであってる？

$$\sum_{i=1}^{2} w_i x_i = w_1 x_1 + w_2 x_2$$

（2-6）

うん、それでOK。

いろんな書き方があるんだね。

結局はどれも同じことで、書き方の問題だけだから惑わされないようにね。

Section 3 パーセプトロンとバイアス

それから、しきい値θという表現について補足なんだけどね。式2-4のθを移行すると、こんな風に書けるよね？

$$y = \begin{cases} 0 & (\boldsymbol{w} \cdot \boldsymbol{x} - \theta \leq 0) \\ 1 & (\boldsymbol{w} \cdot \boldsymbol{x} - \theta > 0) \end{cases}$$

（2-7）

しきい値のθを左辺に移行したってことね？

この時、$b = -\theta$と置いて、こんな風に書くことも多いの。

$$y = \begin{cases} 0 & (\boldsymbol{w} \cdot \boldsymbol{x} + b \leq 0) \\ 1 & (\boldsymbol{w} \cdot \boldsymbol{x} + b > 0) \end{cases}$$

（2-8）

bはバイアスと呼ばれる値。英語でbiasと書くから、その頭文字を取ってbね。

バイアス……。その式変形自体はわかるけど、別にθのままでもいいんじゃない？

不等号の右辺を0に固定することで「$\boldsymbol{w} \cdot \boldsymbol{x} + b$の値が0を超えたらパーセプトロンが1を出力する」と考えられるよね。

うん、まあ……式の意味をそのまま言葉にしただけだよね。

ただ、そう考えると、bはパーセプトロンがどれくらい1を出力しやすいか、という偏りをコントロールする値だと言える。

うん……？ ごめん、ちょっとよくわからない。

たとえば、最初に$b=0$の場合を考えてみよう。$b=0$なんだから、バイアスは存在しないことになるよね。

$$y = \begin{cases} 0 & (\boldsymbol{w} \cdot \boldsymbol{x} \leq 0) \\ 1 & (\boldsymbol{w} \cdot \boldsymbol{x} > 0) \end{cases}$$

(2-9)

この場合、$\boldsymbol{w} \cdot \boldsymbol{x}$が正の数じゃないとパーセプトロンは1を出力しない。逆に言うと$\boldsymbol{w} \cdot \boldsymbol{x}$が0または負の数だとパーセプトロンが0を出力する。

うん。そうなるね。

じゃあ、今度は$b=100$の場合を考えてみる。

$$y = \begin{cases} 0 & (\boldsymbol{w} \cdot \boldsymbol{x} + 100 \leq 0) \\ 1 & (\boldsymbol{w} \cdot \boldsymbol{x} + 100 > 0) \end{cases}$$

(2-10)

この場合、たとえ$\boldsymbol{w} \cdot \boldsymbol{x}$が負の値だったとしても−100より大きな値であれば、左辺は全体的に見て正の数になるから、パーセプトロンは1を出力することになる。

もしかして、バイアスbの分だけパーセプトロンが1を出力する範囲が広くなるってこと？

そういうこと。こうやって図示するとよりわかりやすいかな？

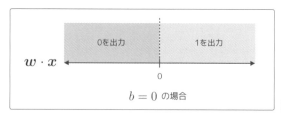

図2-2-A

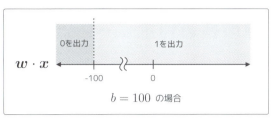

図2-2-B

$b = 0$ の場合に比べて $b = 100$ の方が、1を出力する範囲が広くなってるのがわかるよね。

偏りをコントロールするってそういうことか……。バイアスを大きくすればするほど、パーセプトロンが1を出力する範囲が広がるんだね。

そうだね。ちなみにバイアスには「偏り」という意味があるから、ピッタリの言葉だよね。

なるほどねぇ。確かにこういう解釈の仕方があると、単にしきい値を超えるかどうか、という考え方よりも自然に受け入れられるかもしれないね。

これからはしきい値 θ じゃなくて、バイアス b を使っていくようにするね。

んー、でもさぁ、内積もバイアスもわかったけど、図2-1と式2-8だけ見せられても、パーセプトロンが実際どんなモノなのかっていうのはまだピンときてないな……。

これまでの話はとても抽象的だったからね。今度は具体的な例を考えてみると理解度も変わってくると思うよ。

そうだね。どういう例があるかな……。

私が簡単な問題を作るから、それを例にパーセプトロンの中でどうやって計算が進んでいくのか一緒に考えていこう。

Section 4 パーセプトロンによる画像の長辺判定

この例題を使うね。

> パーセプトロンに画像を入力して、その画像が縦長なのか横長なのかを判定せよ。

ここでは x_1 が画像の幅、x_2 が画像の高さだと考える。

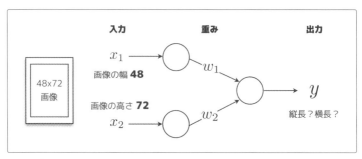

図2-3

図を見てもすぐ分かると思うけど、入力値はそれぞれこうだよ。

$$x_1 = 48$$
$$x_2 = 72$$

（2-11）

うん、分かるよ。重みの w_1 と w_2 はどうなるの？

重みとバイアスに関しては、本当は学習して最適な値を探す必要があるけど、ここではこの値を使ってみよう。

$$w_1 = 1$$
$$w_2 = -1$$
$$b = 0$$

（2-12）

あ、バイアスも決めないといけなかったね。ということは、まとめるとこんな感じね。

$$x = \begin{bmatrix} 48 \\ 72 \end{bmatrix}, \quad w = \begin{bmatrix} 1 \\ -1 \end{bmatrix}, \quad b = 0$$

(2-13)

実は重みとバイアスをこの値にすると、パーセプトロンから0が出力された時は「縦長である」、1が出力された時は「横長である」という分類結果になるんだよ。

えっ、そうなの？　なんでわかるの？

簡単な問題だから私が答えを知ってるだけだよ。$x_1 = 48, x_2 = 72$の時に、実際にyがどうなるか計算してみる？　代入するだけだから難しくないと思う。

えーっと、まずはwとxの内積を計算して……。

$$\begin{aligned} w \cdot x &= \sum_{i=1}^{2} w_i x_i \quad \cdots\cdots \text{内積の式} \\ &= w_1 x_1 + w_2 x_2 \quad \cdots\cdots \text{総和の記号を展開した} \\ &= (1 \cdot 48) + (-1 \cdot 72) \quad \cdots\cdots \text{値を代入した} \\ &= 48 - 72 \quad \cdots\cdots \text{整理した} \\ &= -24 \end{aligned}$$

(2-14)

つまり$w \cdot x = -24$ってことね。バイアスは$b = 0$に決めてるから、出力の式はこうなるんだよね……。

$$y = \begin{cases} 0 & (-24 \leq 0) \\ 1 & (-24 > 0) \end{cases}$$

(2-15)

今回は$-24 \leq 0$の方に当てはまるから、最終的には$y = 0$が出力される、であってる？

うん、あってるよ！

$y = 0$ってことは、さっきのミオの話からすると「縦長である」という分類になるってことね。確かに48×72の画像は縦長だね……。

他にもいくつか例を作ってみて、実際に計算してみるといいよ。

やってみる。

画像サイズ	x_1	x_2	w_1	w_2	b	$\boldsymbol{w} \cdot \boldsymbol{x}$	y	分類
48 x 72	48	72	1	-1	0	1・48 + (-1・72) = -24	0	縦長
140 x 45	140	45	1	-1	0	1・140 + (-1・45) = 95	1	横長
80 x 25	80	25	1	-1	0	1・80 + (-1・25) = 55	1	横長
45 x 90	45	90	1	-1	0	1・45 + (-1・90) = -45	0	縦長
25 x 125	25	125	1	-1	0	1・25 + (-1・125) = -100	0	縦長

表2-1

重みとか内積とか言ってるけど、$\boldsymbol{w} \cdot \boldsymbol{x}$の計算をよく見ると、画像の幅と高さの差を取ってどっちが長いのかを判断してるだけっぽいね。うん、正しく分類できてるみたい。

さっきも言ったように本来は重みとバイアスは学習によって求められるものだけど、それを既に分かってるものとして具体的に自分で計算してみると、ちょっとだけパーセプトロンがわかった気がするよね。

うん、手を動かしてみるって大事だね。でも、じゃあ今度は、その重みとバイアスの学習はどうやるの？ っていう疑問がわいてくるけど……。

学習のやり方の話ね。でも、その前にもう少しパーセプトロンの話を続けましょう。これからパーセプトロンの欠点を見ていくよ^(※)。

※ 前作『やさしく学ぶ 機械学習を理解するための数学のきほん』にてパーセプトロンの学習方法を説明しています。気になる方はご参照ください。

欠点？　そうか、単純な問題しか解けないんだっけ？

うん。どういう問題が「単純な問題」なのか、そしてどういう問題が「単純ではない問題」なのか、比較しながらもう少し具体的に見ていこう。

単純ではない問題、か……。

Section 5　パーセプトロンによる画像の正方形判定

単純ではない問題ってさ、要は難しそうな問題ってことだよね。画像の中に顔が写っているかどうか、とか？

それはいきなり難易度が高くなりすぎだね。私が考えていた「単純ではない問題」は、これ。

> パーセプトロンに画像を入力して、その画像が正方形かどうかを判定せよ

えっ、めちゃくちゃ単純な問題な気がするけど……？

でもね、これはパーセプトロンでは解けない。

そうなんだ……。

同じように x_1 を画像の幅、x_2 を画像の高さだとして問題を考えてみよっか。

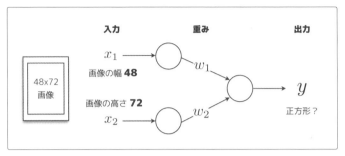

図2-4

y は、式2-8と同じように内積とバイアスの値によって0または1が出力されるということを忘れないでね。

$$y = \begin{cases} 0 & (\boldsymbol{w} \cdot \boldsymbol{x} + b \leq 0) \\ 1 & (\boldsymbol{w} \cdot \boldsymbol{x} + b > 0) \end{cases}$$

(2-16)

さっきみたいに、幅と高さの差分を計算してちょうど0になるかどうかを見たらいいんじゃない？

じゃあ、いくつかの例を使って実際に計算してみよう。そうだね……。たとえば、この4つの画像をパーセプトロンに入力することを考える。

$$\boldsymbol{x}_a = \begin{bmatrix} 45 \\ 45 \end{bmatrix}, \quad \boldsymbol{x}_b = \begin{bmatrix} 96 \\ 96 \end{bmatrix}, \quad \boldsymbol{x}_c = \begin{bmatrix} 35 \\ 100 \end{bmatrix}, \quad \boldsymbol{x}_d = \begin{bmatrix} 100 \\ 35 \end{bmatrix}$$

(2-17)

数値だけ見ると、$\boldsymbol{x}_a$ と $\boldsymbol{x}_b$ が「正方形である」、$\boldsymbol{x}_c$ と $\boldsymbol{x}_d$ が「正方形ではない」だね。

うん。そうなるように作ってみた。

幅と高さの差分を見るんだから、重みwとバイアスbはさっきと同じ値でいいよね。

$$w = \begin{bmatrix} 1 \\ -1 \end{bmatrix}, \quad b = 0$$

(2-18)

それを前提に計算してみる……。

画像サイズ	x_1	x_2	w_1	w_2	b	$w \cdot x$	y
45 × 45	45	45	1	-1	0	1・45 + (-1・45) = 0	0
96 × 96	96	96	1	-1	0	1・96 + (-1・96) = 0	0
35 × 100	35	100	1	-1	0	1・35 + (-1・100) = -65	0
100 × 35	100	35	1	-1	0	1・100 + (-1・35) = 65	1

表2-2

うーん……？

この結果だと、0が「正方形である」、1が「正方形ではない」としても、もしくはその逆だとしても、正しく分類できていないよね。

そうか……。差分を計算したら確かに0にはなるけど、yが出力するのは差分そのものじゃないしね。

うん。何度も言うように、パーセプトロンは$x \cdot w + b$の結果の符号によって0または1を出力してるだけだからね。

パーセプトロンの式をこんな風に変えれば分類できるんじゃない？

$$y = \begin{cases} 0 & (w \cdot x + b = 0) \\ 1 & (w \cdot x + b \neq 0) \end{cases}$$

(2-19)

もちろんそれで解けるけど、それって正方形の特徴を知ってるから作れる式だよね？ その式は正方形判定には使えるけど、長辺判定には使えない。そう考えると、何かを判定するたびに新しく分類のための式を考えないといけないじゃない？

データの特徴やルールを知っているということは、それは機械学習を使う必要がないってことを意味するの。パーセプトロンはあくまで、データのルールが不明な中で、内積とバイアスの符号を見て結果を決めるという作業を機械的にやっているだけ。

そっか……。そういう意味だと、正方形判定も長辺判定も、そもそもパーセプトロンみたいな機械学習の考え方を使わなくても解ける問題だもんね。

そうだよ。今は練習のために簡単な問題を例に出して解いてみてるだけだからね。

でもさー、パーセプトロンで正方形判定が解けないっていうの、重み w とバイアス b の値が悪かっただけじゃないの？ 学習して正しい値を求めればちゃんと解けないのかなー？

残念ながらパーセプトロンでは解けないようになってるの。

Section 6 | パーセプトロンの欠点

数式だけ眺めてみてもわからないから、少しイメージを膨らませるために図に書いてみよっか。

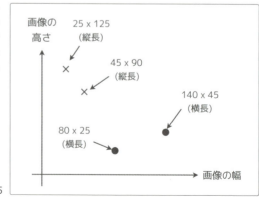

図2-5

これって私が表2-1で適当に計算した画像サイズをプロットした図？

そうだよ。x軸を画像の幅、y軸を画像の高さにした図ね。

黒い丸が横長の画像で、バツ印が縦長の画像ってことか。

アヤノはこの図を見た時に、1本だけ直線を引いて黒い丸とバツ印を分割するとしたらどうやって線を引く？

それは、誰でもこう引くよね。

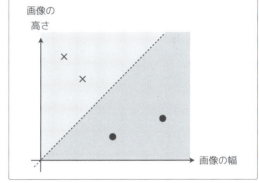

図2-6

うん、そうだよね。そんな風に線を引くと、横長と縦長を分類できる。これはパーセプトロンが分類問題をちゃんと解けてる状態ね。

式2-13の重み $w = (1, -1)$ とバイアス b を使って、実際に手で計算してもちゃんと分類できてたしね。

そうそう。実はその重みとバイアスを図示すると、図2-6みたいに平面に書いた線になる。

へー、そうなんだね。

じゃあ、次はこの図。

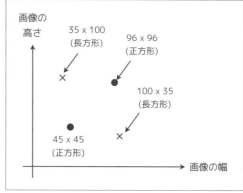

図2-7

お、これは表2-2の画像サイズをプロットした図ね。

これを1本だけ直線を引いて分離したい。アヤノはどうする？

ん、1本だけ直線を引いて……って、なんか無理な気がするけど……？

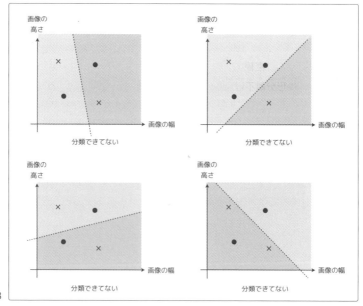

図2-8

そう。この問題を直線1本だけで分類するのは無理なんだよ。

やっぱ、これを1本で分類は無理だよね……。

こんな風に、直線1本だけで分類できないような問題はパーセプトロンでは解けない。

どんなに重みwとバイアスbをいじっても解けない？

解けない。

そ、そうなんだ……。

重みやバイアスを変更する操作は、実は図の中で直線を変更する操作と同じこと。だから、最初から直線で分類できないような問題は、どんなに重みやバイアスをいじっても結局は分類できないんだよ。

パーセプトロンにとっては、直線で分類できるかどうか、が重要ってことなのか。

うん。直線で分類できる問題は**線形分離可能**、直線で分類できない問題は**線形分離不可能**という風に呼ばれるから、覚えておくといいよ。

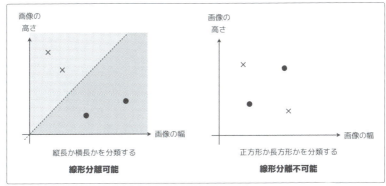
図2-9

そしてさっきも言ったように、パーセプトロンは線形分離可能な問題しか解けない。私たちが少し前に話していた、いわゆる「単純な問題」というやつね。

線形分離不可能な問題は解けない、それがパーセプトロンの欠点だ、ってことね。

そういうこと。

Section 7 多層パーセプトロン

でもね、直線では分類できないけど、絶対に正方形と長方形を分けれないってことはないよね。

え、どういうこと？

1本の直線に限定しなければ、無理やりこんな風に分けることもできるよね。

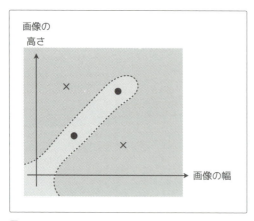

図2-10

た、確かに……。

ニューラルネットワークを使うと、こんな風に直線を使わない境界線を引くこともできるようになる。

なるほど。ここでニューラルネットワークの登場ね。

ようやくニューラルネットワークの話に移っていけるね。

長い前置きだったなー。

ちょっと思い出して欲しいんだけど、パーセプトロンは形式的にこんな風に表すという話を最初にしたよね。

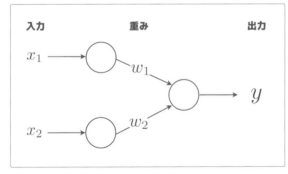
図2-11

こんな風に入力と出力だけしかないパーセプトロンのことを**単層パーセプトロン**と言うの。これはこれまで見てきた通りとても貧弱なモデルで、いわゆる線形分離可能な問題しか解けない。

へー、単層パーセプトロンって言うんだ。単層、って弱そうな名前だね。

はは。でもその通りで、単層だととても弱いから、パーセプトロンをいくつか重ねることを考えてみる。例えばこんな感じ。

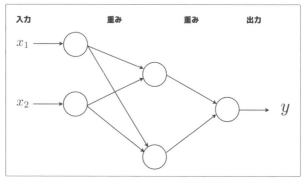

図2-12

おっ、私が知ってるニューラルネットワークの形みたいになった。

入力値が複数に分岐していて、あるユニットの出力が別のユニットの入力になってるのがわかると思うけど、よく見ると形式的なパーセプトロンが3つあるように見えるよね。

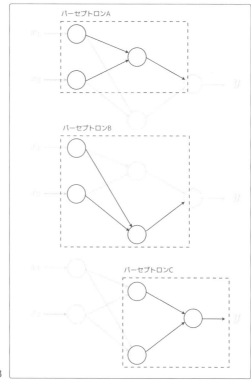

図2-13

うん。こうやって強調されてるとわかりやすいね。

こんな風にパーセプトロンのユニットを重ねて層を増やしたものを、単層パーセプトロンに対して**多層パーセプトロン**と言うの。

単層に対して多層、か。わかりやすくていいね。

この多層パーセプトロン、これがまさにニューラルネットワークなんだよ。

パーセプトロンを組み合わせて作るっていう話は聞いてたけど、こうやって重ねていったものがニューラルネットワークになるんだね。

英語だとニューラルネットワークのことを「Multilayer Perceptron」と呼ぶこともあって、そこからもパーセプトロンが重なったものだ、というイメージができるよね。

じゃあ、多層パーセプトロンとニューラルネットワークって同じものだと思っていていいの?

同じもの。図2-12のようにパーセプトロンを重ねて、層ごとのすべてのユニットを矢印でつなげた形をしたものは、特に**全結合ニューラルネットワーク**と呼ばれることもあるから覚えておくといいよ。

これを使うと、さっきの正方形かどうかを分類するような問題も解けるようになるってことね?

そうだよ。実際にどんな風に計算されるか見てみよっか。

うん。試してみたい。

Section 8 ニューラルネットワークによる画像の正方形判定

ユニットの数も層の数も増えてるから、計算がちょっと複雑になりそうだね。

でもA, B, Cのパーセプトロンを1つずつそれぞれ計算してあげればいいから、あまり難しく考えないほうがいいよ。

あー、そうか。それぞれのパーセプトロンが重みとバイアスを持っていて、最終的には0か1を出力するだけってことだね。

そうそう。だから最初にやった単層パーセプトロンの計算と同じやり方でいい。

ということは、まずはそれぞれのパーセプトロンの重みとバイアスを決めてあげないといけないかな?

そうだね。A, B, Cのパーセプトロンそれぞれの重みとバイアスを決めよう。

$$w_a = \begin{bmatrix} 1 \\ -1 \end{bmatrix}, \quad b_a = 0 \quad \text{……パーセプトロンAの重みとバイアス}$$

$$w_b = \begin{bmatrix} -1 \\ 1 \end{bmatrix}, \quad b_b = 0 \quad \text{……パーセプトロンBの重みとバイアス}$$

$$w_c = \begin{bmatrix} -1 \\ -1 \end{bmatrix}, \quad b_c = 1 \quad \text{……パーセプトロンCの重みとバイアス}$$

(2-20)

この重みとバイアスで計算すると、1が出力されたら「正方形である」、0が出力されたら「正方形ではない」という分類結果になる。

さっきの図に重みとバイアスを追記してみた。

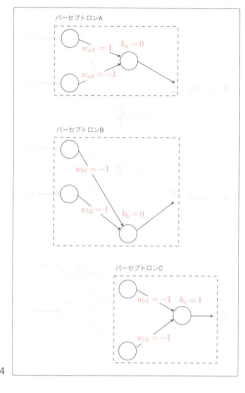
図2-14

何度も言うようだけど、重みやバイアスは本来学習によって決まるもの。でも、ここでは分かってるものとして話を進めるだけだからね。基本的な問題だから私が正解の重みとバイアスを知ってるだけ。

そしてこれも繰り返しになるけど、パーセプトロンの出力は重みとバイアスを元にこんな風に判断されるってことを忘れないでね。

$$y = \begin{cases} 0 & (\boldsymbol{w} \cdot \boldsymbol{x} + b \leq 0) \\ 1 & (\boldsymbol{w} \cdot \boldsymbol{x} + b > 0) \end{cases}$$

(2-21)

じゃあ、式2-20の重みとバイアスを使ってA、B、Cのパーセプトロンが出力するyを順番に式2-21に従って求めていけばいいね。

45×45の画像$\boldsymbol{x} = (45, 45)$で試してみよっか。まずはAとBのパーセプトロンから。

まずは素直に内積とバイアスを計算して、結果が0以上かどうかを確認する……っと。

$$w_a \cdot x + b = (1 \cdot 45) + (-1 \cdot 45) + 0$$
$$= 45 - 45 + 0$$
$$= 0$$
$$w_a \cdot x + b \leq 0 \rightarrow y_a = 0 \quad \text{……パーセプトロンAの結果}$$

$$w_b \cdot x + b = (-1 \cdot 45) + (1 \cdot 45) + 0$$
$$= -45 + 45 + 0$$
$$= 0$$
$$w_b \cdot x + b \leq 0 \rightarrow y_b = 0 \quad \text{……パーセプトロンBの結果} \quad (2\text{-}22)$$

パーセプトロンCは、パーセプトロンAとBがそれぞれ出力した値を入力とするから、それをuとして計算してみて。

$$u = \left[\begin{array}{c} y_a \\ y_b \end{array} \right] = \left[\begin{array}{c} 0 \\ 0 \end{array} \right] \quad (2\text{-}23)$$

わかった。さっきと同じように計算して……っと。

$$w_c \cdot u + b = (-1 \cdot 0) + (-1 \cdot 0) + 1$$
$$= 0 + 0 + 1$$
$$= 1$$
$$w_c \cdot u + b > 0 \rightarrow y_c = 1 \quad \text{……パーセプトロンCの結果} \quad (2\text{-}24)$$

これで計算が完了ね。このニューラルネットワークが最終的に出力するのは1だということ。

さっきのミオの話からすると「正方形である」と分類されてるってことね。45×45は正方形だから正しそう。

じゃあ、今度は横長の長方形である $x = (100, 35)$ の画像で試してみよう。

同じやり方でいいんだよね？

$$w_a \cdot x + b = (1 \cdot 100) + (-1 \cdot 35) + 0 = 65 > 0 \quad \rightarrow y_a = 1$$
$$w_b \cdot x + b = (-1 \cdot 100) + (1 \cdot 35) + 0 = -65 \leq 0 \quad \rightarrow y_b = 0$$
$$w_c \cdot u + b = (-1 \cdot 1) + (-1 \cdot 0) + 1 = 0 \leq 0 \quad \rightarrow y_c = 0$$

（2-25）

これは、ニューラルネットワークが0を出力して「正方形ではない」と分類されたってことだよね？ 確かに 100×35 は横長の長方形だから、正しそうだ。

そう。こんな風に、ニューラルネットワークは線形分離不可能な問題でも解けるようになってるの。

パーセプトロンを重ねただけで線形分離不可能な問題も解けるようになるなんて、ちょっと不思議。

この問題は、AとBのパーセプトロンで横長なのか縦長なのかを判断して、それぞれの結果を使ってCのパーセプトロンで正方形かどうかを判定していると考えられるよね。直感的には、いくつかの条件判定を組み合わせて複雑な条件判定をしている、と理解するといいかもしれないね。

1つ1つは単純だけど、それらを組み合わせるとより複雑なものを作れる、ってわけね。なるほどな～。

ニューラルネットワークの計算方法がわかったところで、今度はもっと一般的な理解を深めていこう。

Section 9 | ニューラルネットワークの重み

ニューラルネットワークはパーセプトロンが重なったもの、という部分はもう大丈夫かな。

うん。さっきは実際に3つのパーセプトロンをそれぞれ計算して結果を得たしね。

そう。でもね、普通は1個ずつ計算していくっていう面倒なことはしない。前にアヤノが「ニューラルネットワークってひとつの関数みたいだね」という話をしていたのは覚えてる？

$f(\boldsymbol{x}) = y$という関数の話だよね。$\boldsymbol{x}$という入力値をfというニューラルネットワークに入力してyという結果を得る、ってやつ。

そのニューラルネットワークfの中身を、もっと紐解いて数学的に理解したいって思わない？

う、うん、思う……。数学的って言われると身構えちゃうけど。

ふふ。何度も復習していいから、ゆっくり理解していこうね。

ミオと一緒ならがんばれる……たぶん。

この後の説明にもさっきの図2-12と同じニューラルネットワークをそのまま使うね。ちょっと図をキレイに書き直してみた。

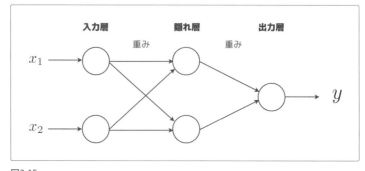
図2-15

うん、書き直したって言っても、構造自体は変わってなさそうだね。

ニューラルネットワークには、単層パーセプトロンにはなかった「層」という考え方があったよね。

入力層とか隠れ層とか出力層とか、だよね。

うん。そこで、層を識別するために層の番号を導入したい。つまり入力層を0として、その後の各層に順番に番号を振っていくの。たとえば、さっきのニューラルネットワークだと

・入力層を第0層とする
・隠れ層を第1層として、そこに接続されている重みを第1層の重みとする
・出力層を第2層として、そこに接続されている重みを第2層の重みとする

と、考える。イメージとしてはこうね。

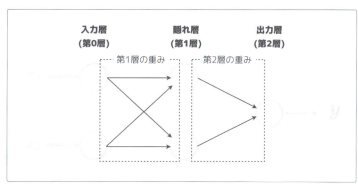

図2-16

ちなみに、ニューラルネットワークの層の構造と、重み・バイアスの個数にはこういう関係がある。

・重みの数 = 層同士のユニットをつなぐ線の数
・バイアスの数 = その層にあるユニットの数

へー、そうなんだね。じゃあ……こう言えるね。

・第1層：線が4本、第1層のユニットが2個 → 重み4個、バイアス2個
・第2層：線が2本、第2層のユニットが1個 → 重み2個、バイアス1個

そうそう。式2-20で使った重みとバイアスを思い出してみるといいよ。数はピッタリ合うはずだから。

そっか。考えてみると、そうなるのが自然だね。

そして、ニューラルネットワークの重みとバイアスには規則性があるから、これからfを理解していくにあたって統一的な書き方を考えていこう。

$w_1, w_2, w_3, \cdots$みたいに添え字を増やしていくわけじゃなくて？

もうちょっと工夫しよっか。まず、それぞれの層のユニットに上から順番に番号を振っていく。

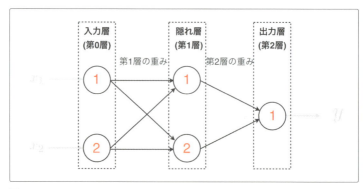

図2-17

そして、重みとバイアスを次のように定義してあげる。

・第$l-1$層のj番目のユニットから第l層のi番目のユニットへの重みを$w_{ij}^{(l)}$とする
・第l層のi番目のユニットに対するバイアスを$b_i^{(l)}$とする

おおっ、ちょっと待って……。文字がいっぱい出てきた。頭の中を整理しないと……。

まず、ijという添え字は2桁まとめて1つの添え字という意味だから、掛け算と間違えたりしないでね。それから(l)は右上についてるからといって指数じゃないから、これもw_{ij}やb_iのl乗と間違えないでね。

あー、うん、それはわかるけど……。

たとえば第1層の重み、つまり入力層と隠れ層の間の重みはこうね。

・入力層（第0層）の1番目のユニットから隠れ層（第1層）の1番目のユニットへの重み$w_{11}^{(1)}$
・入力層（第0層）の2番目のユニットから隠れ層（第1層）の1番目のユニットへの重み$w_{12}^{(1)}$
・入力層（第0層）の1番目のユニットから隠れ層（第1層）の2番目のユニットへの重み$w_{21}^{(1)}$
・入力層（第0層）の2番目のユニットから隠れ層（第1層）の2番目のユニットへの重み$w_{22}^{(1)}$

そしてバイアスもこんな風に表せる。

・隠れ層（第1層）の1番目のユニットに対するバイアス$b_1^{(1)}$
・隠れ層（第1層）の2番目のユニットに対するバイアス$b_2^{(1)}$

ニューラルネットワークの図に追記すると、こんな感じね。

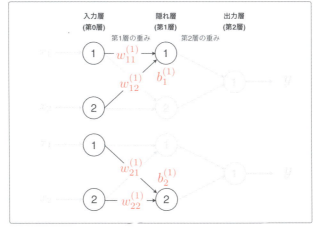
図2-18

ん……なるほど。そういうことか……。

じゃあ、第2層の重みとバイアスはどうなるか分かるかな？

隠れ層と出力層の間ってことだよね……こう？

・隠れ層（第1層）の1番目のユニットから出力層（第2層）の1番目のユニットへの重み $w_{11}^{(2)}$
・隠れ層（第1層）の2番目のユニットから出力層（第2層）の1番目のユニットへの重み $w_{12}^{(2)}$
・出力層（第2層）の1番目のユニットに対するバイアス $b_1^{(2)}$

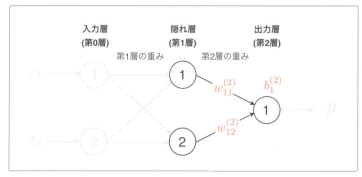
図2-19

そうそう。あってるよ。

んー、確かに規則性はあるけど、添え字も多いし逆にわかりにくい気がするなぁ。l, i, j の3種類もあるし。

でも連番の添え字だと、どの添え字がどの部分なのかパッと見て分からないよね。

確かに、それはそうだけど……。

それに $w_{ij}^{(l)}$ や $b_i^{(l)}$ という表記の方が、この後の数式が書きやすくなるからね。

ふーん……ちょっとごちゃごちゃした表し方だけど、慣れるしかないかぁ。

そうだね……ともあれ、これで重みの統一的な表記を定義することはできた。

ところで、パーセプトロンの時みたいに重みを列ベクトルとしては表さないの？

こんな風に列ベクトルで表していいよ。

$$\boldsymbol{w}_1^{(1)} = \left[\begin{array}{c} w_{11}^{(1)} \\ w_{12}^{(1)} \end{array} \right], \quad \boldsymbol{w}_2^{(1)} = \left[\begin{array}{c} w_{21}^{(1)} \\ w_{22}^{(1)} \end{array} \right], \quad \boldsymbol{w}_1^{(2)} = \left[\begin{array}{c} w_{11}^{(2)} \\ w_{12}^{(2)} \end{array} \right] \quad \text{(2-26)}$$

太字の $\boldsymbol{w}$ の下の方に付いている添字は、矢印の元にあるユニット番号じゃなくて、矢印の先にあるユニット番号だから気をつけてね。

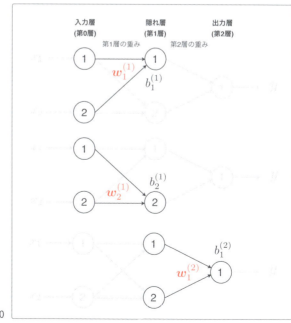

図2-20

なるほど。パーセプトロン単位で重みをベクトルにまとめるってことだね。

これだと単層パーセプトロンの時と同じように考えて計算ができるようになるよね。

じゃあ、図2-20の第1層にある2つのパーセプトロンの計算式はこうやって書けるってこと？　添え字が多くてすごくごちゃごちゃしてるけど……。

$$\boldsymbol{w}_1^{(1)} \cdot \boldsymbol{x} + b_1^{(1)} = w_{11}^{(1)}x_1 + w_{12}^{(1)}x_2 + b_1^{(1)}$$
$$\boldsymbol{w}_2^{(1)} \cdot \boldsymbol{x} + b_2^{(1)} = w_{21}^{(1)}x_1 + w_{22}^{(1)}x_2 + b_2^{(1)} \quad (2\text{-}27)$$

そうそう。でも実は、重みは行列に、バイアスはベクトルにまとめると、もう少し簡潔に書けるようになるよ。

え、行列とベクトル？　どうやって？

第1層からひとつずつ考えていこう。まず、重みを横に並べてみる。これは式2-26の列ベクトルを転置すればいいってことがわかるかな？

$$\boldsymbol{w}_1^{(1)T} = \begin{bmatrix} w_{11}^{(1)} & w_{12}^{(1)} \end{bmatrix}$$
$$\boldsymbol{w}_2^{(1)T} = \begin{bmatrix} w_{21}^{(1)} & w_{22}^{(1)} \end{bmatrix} \quad (2\text{-}28)$$

ベクトルを横に倒しただけだよね。式2-26では縦に並んでたものが、式2-28では横に並んでる。

うん。それでね、この転置したベクトルを縦に並べて行列を作る。

$$\boldsymbol{W}^{(1)} = \begin{bmatrix} \boldsymbol{w}_1^{(1)T} \\ \boldsymbol{w}_2^{(1)T} \end{bmatrix} = \begin{bmatrix} w_{11}^{(1)} & w_{12}^{(1)} \\ w_{21}^{(1)} & w_{22}^{(1)} \end{bmatrix} \quad (2\text{-}29)$$

この2×2の行列を作ることが、重みを行列にまとめる、ってこと？

そうだね。重み行列は層ごとに定義できるから、第2層も同じように考えるんだよ。といっても、いま考えているニューラルネットワークの第2層にはユニットが1個しかないから、こんな風に1つ並べるだけなんだけどね。

$$\boldsymbol{w}_1^{(2)T} = \begin{bmatrix} w_{11}^{(2)} & w_{12}^{(2)} \end{bmatrix}$$
$$\boldsymbol{W}^{(2)} = \begin{bmatrix} \boldsymbol{w}_1^{(2)T} \end{bmatrix} = \begin{bmatrix} w_{11}^{(2)} & w_{12}^{(2)} \end{bmatrix} \tag{2-30}$$

ふーん。じゃあ、このニューラルネットワークの場合は、第1層の重みが2×2の行列に、第2層の重みが1×2の行列に、それぞれこんな風にまとめれるということね。

$$\boldsymbol{W}^{(1)} = \begin{bmatrix} w_{11}^{(1)} & w_{12}^{(1)} \\ w_{21}^{(1)} & w_{22}^{(1)} \end{bmatrix}$$
$$\boldsymbol{W}^{(2)} = \begin{bmatrix} w_{11}^{(2)} & w_{12}^{(2)} \end{bmatrix} \tag{2-31}$$

バイアスも同じように層ごとに定義できて、各層のバイアスを縦に並べるだけ。

$$\boldsymbol{b}^{(1)} = \begin{bmatrix} b_1^{(1)} \\ b_2^{(1)} \end{bmatrix}, \quad \boldsymbol{b}^{(2)} = \begin{bmatrix} b_1^{(2)} \end{bmatrix} \tag{2-32}$$

ニューラルネットワークの図に書き足すと、図2-21みたいな感じになるかな。

なるほどねー。でも、これで本当に式が簡潔に書けるようになるんだっけ……？

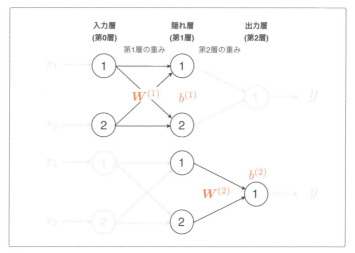

図2-21

重み行列とバイアスのベクトルを定義してあげると、たとえば第1層の内積とバイアスはこんな式で表せる。

$$W^{(1)}x + b^{(1)} \qquad (2\text{-}33)$$

すごく簡単な式になった！

式2-33を実際に計算してみるね。

$$W^{(1)}x + b^{(1)}$$

$$= \begin{bmatrix} w_{11}^{(1)} & w_{12}^{(1)} \\ w_{21}^{(1)} & w_{22}^{(1)} \end{bmatrix} \begin{bmatrix} x_1 \\ x_2 \end{bmatrix} + \begin{bmatrix} b_1^{(1)} \\ b_2^{(1)} \end{bmatrix} \quad \cdots W^{(1)}, x, b^{(1)} を代入した$$

$$= \begin{bmatrix} w_{11}^{(1)}x_1 + w_{12}^{(1)}x_2 \\ w_{21}^{(1)}x_1 + w_{22}^{(1)}x_2 \end{bmatrix} + \begin{bmatrix} b_1^{(1)} \\ b_2^{(1)} \end{bmatrix} \quad \cdots 重みと入力値の積を計算した$$

$$= \begin{bmatrix} w_{11}^{(1)}x_1 + w_{12}^{(1)}x_2 + b_1^{(1)} \\ w_{21}^{(1)}x_1 + w_{22}^{(1)}x_2 + b_2^{(1)} \end{bmatrix} \quad \cdots バイアスを足した$$

$$(2\text{-}34)$$

この最後の行にある行列の中身をよく見て欲しいんだけど、式2-27で計算したものと同じ値になってるよね？

えーっと……うん、確かに同じ式にはなってるね。でも、文字がかなり多いし、そろそろ難しく感じるぞ……。

ここで言いたいのは、$W^{(l)}$ や $b^{(l)}$ という表記を使うと、行列の積と足し算だけで統一的に計算できるから、すごく扱いやすいということ。

うーん、ごめん、ちょっと難しくなってきた……。

んー、確かにそうだね……。この辺になると具体的な例を出して手を動かして計算してみたほうがいいかもね。

うん。できればそうしたい。

ただ、ニューラルネットワークの実体 f を定義する話はもうすぐ終わるから、ちょっとキツイかもしれないけど一旦最後まで進もう。

そっか、f の中身を紐解いてる途中だったね。忘れてたよ……。

わかるよ。話が抽象的で長くなるとどうしても、ね。

話の最後に具体的な例題を使って手を動かせると助かるなぁ。

そうだね。具体例は理解を助けるからね。ちゃんとやろう。

うん。じゃあ、最後までもう一息、お願いします。

Section 10 活性化関数

パーセプトロンの計算をした時のことを思い出して欲しいんだけど、内積とバイアスが0を超えるかどうかで0または1を出力する操作があったよね。

あったね。こういう式だよね。

$$y = \begin{cases} 0 & (\boldsymbol{w} \cdot \boldsymbol{x} + b \leq 0) \\ 1 & (\boldsymbol{w} \cdot \boldsymbol{x} + b > 0) \end{cases}$$

(2-35)

うん。それを各層の結果に適用していかないといけない。

あ、そうだね。さっきまでは重みとバイアスの計算までしかやってなかったからね。

だから、その操作も f に組み込めるように、こんな風に関数として定義してあげる。

$$a(x) = \begin{cases} 0 & (x \leq 0) \\ 1 & (x > 0) \end{cases}$$

(2-36)

x にはそのまま $\boldsymbol{w} \cdot \boldsymbol{x} + b$ を代入する、ってことでいいんだよね。

そうだね。実際に計算する時はアヤノが言ってるように内積とバイアスの式を x に代入することになるね。

$$a(\boldsymbol{w} \cdot \boldsymbol{x} + b) = \begin{cases} 0 & (\boldsymbol{w} \cdot \boldsymbol{x} + b \leq 0) \\ 1 & (\boldsymbol{w} \cdot \boldsymbol{x} + b > 0) \end{cases}$$

(2-37)

式2-37のような、しきい値によって0か1を出力するような関数はステップ関数と呼ばれるから覚えておくと良いよ。

ステップ関数ね。ところで、どーでもいいんだけど、なんで a なの？ 関数って f とか g の文字がよく使われるんじゃなかった？

こういう関数のことを「活性化関数」といって、英語で「Activation Function」と表現するの。だから、その頭文字を取って a にしてみた。

活性化関数……。また難しそうな単語が。

実体は式2-36のような単なる関数なんだけど、ニューラルネットワークの文脈ではそういう風に呼ぶ、くらいの理解で大丈夫だよ。

うん。ごめん、話の腰を折っちゃった。

いやいや、気になったことは何でも聞いてね。

話の続きだけど、この $a(x)$ という関数は便宜上ベクトルも受け取れると考えて、たとえば $\bm{v}$ というベクトルを a に渡すと、$\bm{v}$ の各要素 $v_1, v_2, \cdots, v_n$ に対して a を適用するというルールにする。

$$\bm{v} = \begin{bmatrix} v_1 \\ v_2 \\ \vdots \\ v_n \end{bmatrix}, \quad \bm{a}(\bm{v}) = \begin{bmatrix} a(v_1) \to 0 \; or \; 1 \\ a(v_2) \to 0 \; or \; 1 \\ \vdots \\ a(v_n) \to 0 \; or \; 1 \end{bmatrix} \tag{2-38}$$

ふむふむ。ベクトルの要素全体に a がばらまかれるんだね。

これは今後、数式をキレイにまとめて書くためのルールね。

プログラミングでも、関数の引数として配列を受け取ったら、配列の要素に関数を適用する動作はあるしね。私にとっては違和感ないな。

そしてこの活性化関数も、重みやバイアスと同じように層ごとに定義することができるから、$a^{(l)}(x)$ という風に右上に層の番号を書いてあげる。

層ごとに定義するってどういうこと？ 層ごとに別々の関数にしないといけないの？

違うものにしてもいいし、同じものにしてもいいよ。

そうなんだ。じゃあ、式2-36のステップ関数以外にも、どんな関数にするかは自分で決めていいの？

実はステップ関数はニューラルネットワークの活性化関数として使われることはないんだけど、基本的には非線形な微分ができる関数だったら何でもいい。たとえばシグモイド関数や $tanh$ 関数は活性化関数として有名だね。

$$a(x) = \frac{1}{1+e^{-x}} \quad \text{……シグモイド関数}$$
$$a(x) = \frac{e^x - e^{-x}}{e^x + e^{-x}} \quad \text{……} tanh \text{ 関数}$$

(2-39)

うっ、なんか急に難しいのが出てきた……。

いまは詳しく理解する必要は無くって、こういう関数があるって頭の片隅に置いておくくらいでいいよ。

とりあえずシグモイド関数や $tanh$ 関数は、活性化関数として使える関数のうちの1つ、ってことね。

そういうこと。そして実は、ここまでで f を数式で表すための準備は整った。あとはこれまでの話を組み合わせていくだけ。

Section 11 ニューラルネットワークの実体

その前に、もう一度いま考えてるニューラルネットワークの全体像を思い出しておこう。

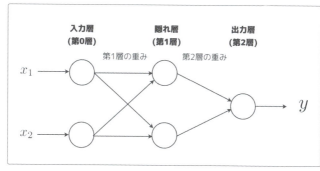

図2-22

これからこのニューラルネットワークを使って、数式と一緒に、その数式が図のどの部分を表しているのかを一緒に見比べながら話を進めていくね。

お、ゆっくりお願いします……。

まず入力値 x_1, x_2 について。これはベクトルで表せたよね。

縦に並べて列ベクトルとして表すんだよね。

$$\boldsymbol{x} = \left[\begin{array}{c} x_1 \\ x_2 \end{array} \right] \quad (2\text{-}40)$$

そう。ただ、今後統一的なルールで式を書いていくために、第0層からの入力値という意味で $\boldsymbol{x}^{(0)}$ という書き方をするね。

$$\boldsymbol{x}^{(0)} = \boldsymbol{x} \quad (2\text{-}41)$$

ちなみに第0層からの入力値は、図で言うとこの部分。

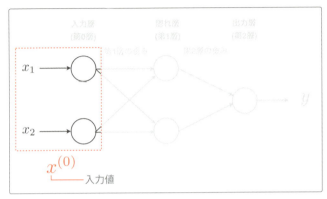

図2-23

第0層からの入力……つまりは入力層って意味だよね。

うん、同じこと。そして、その入力値に第1層の重みとバイアスを適用する。

$$W^{(1)}x^{(0)} + b^{(1)} \qquad (2\text{-}42)$$

図で言うと、入力層から隠れ層に向けて線が出ている部分と思っていいよ。

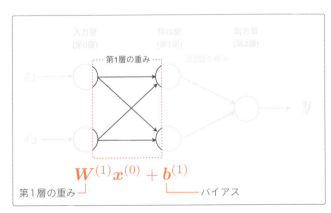

図2-24

これはミオが式2-34で計算したものと同じものってことだよね？　最終的には重みと入力値の内積にバイアスが足されたものになる。

$$\boldsymbol{W}^{(1)}\boldsymbol{x}^{(0)} + \boldsymbol{b}^{(1)} = \left[\begin{array}{c} w_{11}^{(1)} x_1 + w_{21}^{(1)} x_2 + b_1^{(1)} \\ w_{12}^{(1)} x_1 + w_{22}^{(1)} x_2 + b_2^{(1)} \end{array} \right]$$

(2-43)

そうそう。そして次に、それに対して第1層の活性化関数を適用してあげる。

$$\boldsymbol{a}^{(1)}(\boldsymbol{W}^{(1)}\boldsymbol{x}^{(0)} + \boldsymbol{b}^{(1)})$$

(2-44)

隠れ層に流れてきた値、つまり式2-43のことね、これが活性化関数を通して隠れ層から出力されると考えていいよ。

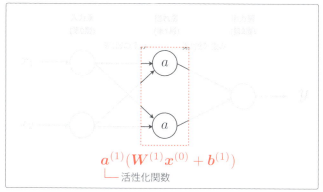

図2-25

第1層の活性化関数 $a^{(1)}$ が各要素に適用される、ってことでいいんだよね。

$$\boldsymbol{a}^{(1)}(\boldsymbol{W}^{(1)}\boldsymbol{x}^{(0)} + \boldsymbol{b}^{(1)}) = \left[\begin{array}{c} a^{(1)}(w_{11}^{(1)} x_1 + w_{12}^{(1)} x_2 + b_1^{(1)}) \\ a^{(1)}(w_{21}^{(1)} x_1 + w_{22}^{(1)} x_2 + b_2^{(1)}) \end{array} \right]$$

(2-45)

そうだね。そしてこれを第1層から第2層への入力値という意味で $\boldsymbol{x}^{(1)}$ という文字で表す。もしくは、第1層からの出力値と捉えることもできるけどね。

$$\boldsymbol{x}^{(1)} = \boldsymbol{a}^{(1)}(\boldsymbol{W}^{(1)}\boldsymbol{x}^{(0)} + \boldsymbol{b}^{(1)})$$

(2-46)

なるほど……。最初に第0層からの入力値で $x^{(0)}$ って言ってたのはここの $x^{(1)}$ と合わせるため？

その通り。あとは同じことの繰り返しだよ。第1層からの入力値に第2層の重みとバイアスを適用する。

$$W^{(2)}x^{(1)} + b^{(2)} \qquad (2\text{-}47)$$

今度は隠れ層から出力層に向けて線が出ている部分ね。

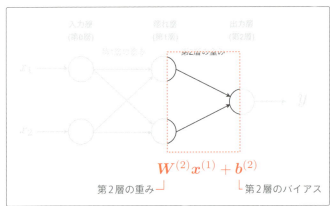
図2-26

第1層の時と変わってるのは、文字の右上についてる層を表す添え字の部分だけだね。

そうだね。そして、同じように第2層の活性化関数 $a^{(2)}$ を適用してあげる。

$$a^{(2)}(W^{(2)}x^{(1)} + b^{(2)}) \qquad (2\text{-}48)$$

これも第1層の時と同じように、出力層に流れてきた値が活性化関数を通して出力されると考えることができる。

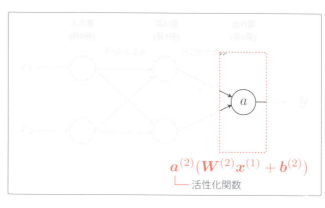

図2-27

そして活性化関数を通した後の値については、同じように第2層からの入力値という意味で $x^{(2)}$ と置き換えられる。

$$x^{(2)} = a^{(2)}(W^{(2)}x^{(1)} + b^{(2)}) \qquad (2\text{-}49)$$

あれ、でもこのニューラルネットワークは2層までしかないよね。

そうだね。つまりは $x^{(2)}$ こそが、このニューラルネットワークの出力値だと言える。

$$y = x^{(2)} \qquad (2\text{-}50)$$

なるほど、そういうことね。

ここまで見てきたように、ニューラルネットワークの計算は、重み行列とバイアスを入力値に適用した後に活性化関数を通す、という操作を層ごとに繰り返すだけでいいの。

主に行列の積とベクトルの足し算だけなんだね。あ、途中に活性化関数も挟まれてるからその計算もしなきゃいけないか。

うん。でも、行列の掛け算も、ベクトルの足し算も、活性化関数の計算も、それは全部コンピュータがやることだしね。私たちは実装するだけ。

確かに、プログラミング言語で実装していけばいい話か。でもさ、そうは言っても簡単な具体例くらいは理解しておきたいよね。

じゃあ、そろそろまとめるね。いま考えているニューラルネットワークの場合 $y = f(x)$ の f は、1行で書くとこんな風に表される。

$$f(\boldsymbol{x}^{(0)}) = \boldsymbol{a}^{(2)}(\boldsymbol{W}^{(2)}\boldsymbol{a}^{(1)}(\boldsymbol{W}^{(1)}\boldsymbol{x}^{(0)} + \boldsymbol{b}^{(1)}) + \boldsymbol{b}^{(2)}) \quad (2\text{-}51)$$

これが f の実体か。

行列の積やベクトルの足し算、活性化関数の適用、これら1つ1つの操作は難しいものじゃないから、見た目の複雑さに騙されないようにしてね。

んー、まあそうだね……。

この重み行列とバイアス、そして活性化関数を使った式を元に、さっきと同じ例題を解いてみよう。

画像が正方形かどうかを分類する問題ね。

Section 12 順伝播

前と同じ45×45の画像で試せばいいかな？

そうだね。でもその前に重み、バイアス、活性化関数を整理しておくよ。重みとバイアスは式2-20をそのまま使って、活性化関数はステップ関数を使おう。

$$W^{(1)} = \begin{bmatrix} \boldsymbol{w}_a^T \\ \boldsymbol{w}_b^T \end{bmatrix} = \begin{bmatrix} 1 & -1 \\ -1 & 1 \end{bmatrix}, \quad W^{(2)} = \begin{bmatrix} \boldsymbol{w}_c^T \end{bmatrix} = \begin{bmatrix} -1 & -1 \end{bmatrix}$$

$$\boldsymbol{b}^{(1)} = \begin{bmatrix} b_a \\ b_b \end{bmatrix} = \begin{bmatrix} 0 \\ 0 \end{bmatrix}, \quad \boldsymbol{b}^{(2)} = \begin{bmatrix} b_c \end{bmatrix} = \begin{bmatrix} 1 \end{bmatrix}$$

$$a^{(1)}(x) = \begin{cases} 0 & (x \leq 0) \\ 1 & (x > 0) \end{cases}, \quad a^{(2)}(x) = \begin{cases} 0 & (x \leq 0) \\ 1 & (x > 0) \end{cases} \tag{2-52}$$

えっ？ ステップ関数って活性化関数としては使われないんじゃなかった？

今は手で計算してみる練習だし、使っていいよ。式2-39のシグモイド関数やtanh関数を手計算するのって大変じゃない？

そ、それはそうだけど……あんなのは手計算できないし。

どうしてステップ関数が活性化関数として使われることがないのかを説明し始めると少し長くなるから、今は計算に慣れることに集中して、あとで理由を考えてみるのも面白いかもよ。

私だけで理由を発見できる気がしないけど……まあ、とりあえず今は練習だからステップ関数を使っていいってことね。

うん。まずは先に進もう。

入力として画像の幅と高さを受け取るってとこは同じでいいよね。

$$\boldsymbol{x}^{(0)} = \begin{bmatrix} 45 \\ 45 \end{bmatrix} \tag{2-53}$$

うん、それでいいよ。じゃあ、第1層の計算からだね。まずはこの式にそれぞれ式2-52と式2-53の値を代入して計算をする。

$$W^{(1)}x^{(0)} + b^{(1)} \tag{2-54}$$

わかった……。

$$\begin{aligned}
&W^{(1)}x^{(0)} + b^{(1)} \\
&= \begin{bmatrix} 1 & -1 \\ -1 & 1 \end{bmatrix} \begin{bmatrix} 45 \\ 45 \end{bmatrix} + \begin{bmatrix} 0 \\ 0 \end{bmatrix} \quad \text{……値を代入した} \\
&= \begin{bmatrix} (1 \cdot 45) + (-1 \cdot 45) \\ (-1 \cdot 45) + (1 \cdot 45) \end{bmatrix} + \begin{bmatrix} 0 \\ 0 \end{bmatrix} \quad \text{……行列の積を計算した} \\
&= \begin{bmatrix} 0 \\ 0 \end{bmatrix} + \begin{bmatrix} 0 \\ 0 \end{bmatrix} \quad \text{……行列の中身を整理した} \\
&= \begin{bmatrix} 0 \\ 0 \end{bmatrix} \quad \text{……バイアスを足した}
\end{aligned} \tag{2-55}$$

次に、その結果に対して第1層の活性化関数 $a^{(1)}$ を適用すると、第1層の出力値がわかるね。

$a^{(1)}(x)$ に0を渡すと $x \leq 0$ の方に当てはまって、どっちの要素も0になるから、結局は $(0, 0)$ が出力されちゃうね。

$$a^{(1)}\left(\begin{bmatrix} 0 \\ 0 \end{bmatrix}\right) = \begin{bmatrix} a^{(1)}(0) \\ a^{(1)}(0) \end{bmatrix} = \begin{bmatrix} 0 \\ 0 \end{bmatrix} \tag{2-56}$$

うん。でも計算はあってるよ。式2-56が第1層の出力値だね。

$$x^{(1)} = \begin{bmatrix} 0 \\ 0 \end{bmatrix} \tag{2-57}$$

あとは $x^{(1)}$ を第1層からの入力値として、同じように第2層もこの式に当てはめて計算していけばいいね。

$$W^{(2)}x^{(1)} + b^{(2)} \tag{2-58}$$

うん。やってみる。

$$W^{(2)}x^{(1)} + b^{(2)}$$
$$= \begin{bmatrix} -1 & -1 \end{bmatrix} \begin{bmatrix} 0 \\ 0 \end{bmatrix} + \begin{bmatrix} 1 \end{bmatrix} \quad \text{……値を代入した}$$
$$= \begin{bmatrix} (-1 \cdot 0) + (-1 \cdot 0) \end{bmatrix} + \begin{bmatrix} 1 \end{bmatrix} \quad \text{……行列の積を計算した}$$
$$= \begin{bmatrix} 0 \end{bmatrix} + \begin{bmatrix} 1 \end{bmatrix} \quad \text{……行列の中身を整理した}$$
$$= \begin{bmatrix} 1 \end{bmatrix} \quad \text{……バイアスを足した} \tag{2-59}$$

そして、これを第2層の活性化関数 $a^{(2)}(x)$ に通すんだよね。今度は1を渡すんだから、そうすると $x > 0$ の方に当てはまって最終的には1が出力される……よね？

$$a^{(2)}\left(\begin{bmatrix} 1 \end{bmatrix}\right) = \begin{bmatrix} a^{(2)}(1) \end{bmatrix} = \begin{bmatrix} 1 \end{bmatrix} \tag{2-60}$$

そう！つまりニューラルネットワーク f に対して $x^{(0)} = (45, 45)$ を入力すると1が出力されるということね。

$$f(x^{(0)}) = 1 \tag{2-61}$$

このニューラルネットワークから1が出力されるということは……なんだっけ。「正方形である」という分類結果ってことか（P.062参照）。

そう。$x^{(0)} = (45, 45)$ は正方形だから、正しく分類されてるよね。

なるほどね。次は長方形の画像で試してみよう。

さっきは $x^{(0)} = (100, 35)$ を使ったね。

じゃあ、今回もそれで。まずは第1層の計算からね……。活性化関数の適用まで一気にやっちゃう。

$$
\begin{aligned}
& \boldsymbol{a}^{(1)}(\boldsymbol{W}^{(1)}\boldsymbol{x}^{(0)} + \boldsymbol{b}^{(1)}) \\
&= \boldsymbol{a}^{(1)}\left(\begin{bmatrix} 1 & -1 \\ -1 & 1 \end{bmatrix}\begin{bmatrix} 100 \\ 35 \end{bmatrix} + \begin{bmatrix} 0 \\ 0 \end{bmatrix}\right) \quad \text{……値を代入した} \\
&= \boldsymbol{a}^{(1)}\left(\begin{bmatrix} (1\cdot 100)+(-1\cdot 35) \\ (-1\cdot 100)+(1\cdot 35) \end{bmatrix} + \begin{bmatrix} 0 \\ 0 \end{bmatrix}\right) \quad \text{……行列の積を計算した} \\
&= \boldsymbol{a}^{(1)}\left(\begin{bmatrix} 75 \\ -75 \end{bmatrix} + \begin{bmatrix} 0 \\ 0 \end{bmatrix}\right) \quad \text{……行列の中身を整理した} \\
&= \boldsymbol{a}^{(1)}\left(\begin{bmatrix} 75 \\ -75 \end{bmatrix}\right) \quad \text{……バイアスを足した} \\
&= \begin{bmatrix} a^{(1)}(75) \\ a^{(1)}(-75) \end{bmatrix} \quad \text{……活性化関数をばらまいた} \\
&= \begin{bmatrix} 1 \\ 0 \end{bmatrix} \quad \text{……活性化関数を適用した}
\end{aligned}
\tag{2-62}
$$

これで第1層の出力値がわかった、と。

$$
\boldsymbol{x}^{(1)} = \begin{bmatrix} 1 \\ 0 \end{bmatrix}
\tag{2-63}
$$

今度はこの $\boldsymbol{x}^{(1)}$ を第1層からの入力値として、第2層を計算ね。

$$
\begin{aligned}
& \boldsymbol{a}^{(2)}(\boldsymbol{W}^{(2)}\boldsymbol{x}^{(1)} + \boldsymbol{b}^{(2)}) \\
&= \boldsymbol{a}^{(2)}\left(\begin{bmatrix} -1 & -1 \end{bmatrix}\begin{bmatrix} 1 \\ 0 \end{bmatrix} + \begin{bmatrix} 1 \end{bmatrix}\right) \quad \text{……値を代入した} \\
&= \boldsymbol{a}^{(2)}\left(\begin{bmatrix} (-1\cdot 1)+(-1\cdot 0) \end{bmatrix} + \begin{bmatrix} 1 \end{bmatrix}\right) \quad \text{……行列の積を計算した} \\
&= \boldsymbol{a}^{(2)}\left(\begin{bmatrix} -1 \end{bmatrix} + \begin{bmatrix} 1 \end{bmatrix}\right) \quad \text{……行列の中身を整理した} \\
&= \boldsymbol{a}^{(2)}\left(\begin{bmatrix} 0 \end{bmatrix}\right) \quad \text{……バイアスを足した} \\
&= \begin{bmatrix} 0 \end{bmatrix} \quad \text{……活性化関数を適用した}
\end{aligned}
\tag{2-64}
$$

このニューラルネットワークからは0が出力されるということね。ということは「正方形ではない」という分類か。

すごい、一気にやってしまったね。

うん。$x^{(0)} = (100, 35)$は長方形の画像だから、ニューラルネットワークの分類結果は正しそうだね。

こんな風に入力値が左から右へ、層から層へ伝わっていくような動作は**フォワード**や**順伝播**と呼ばれることが多いから覚えておいてね。

へー、なんかカッコいいじゃん。

計算しながら気付いたかもしれないけど、順伝播でやってることは式2-22や式2-24、式2-25とまったく同じことなんだよね。

あっ、言われてみれば確かにそんな気がしてた。

行列やベクトルを使ってまとめて計算しているだけで、それらの要素1つ1つは、最初にアヤノがやったようにパーセプトロン A, B, C の計算と同じものになっているんだよ。

行列やベクトルが出てきた時は、文字も増えたし考え方も複雑だって思ったけど、やっぱり手を動かしてみると見え方も違ってくるね。

そうだよね。具体例を考えるのは大事なこと。

Section 13 ニューラルネットワークの一般化

じゃあ、最後に一般化してもう1度まとめよう。これまで見てきたことの延長だから、ちゃんと理解できるはず。

一般化って、たとえば入力が n 個あって、隠れ層が m 個あって、って感じで文字を使って表す、みたいな……？

そうそう。こんな風に一般化されたニューラルネットワークを考えてみよう。

- 入力層のユニットは $m^{(0)}$ 個ある
- 第 l 層目のユニットは $m^{(l)}$ 個ある
- 入力層を除いてニューラルネットワークの層は全部で L 個ある

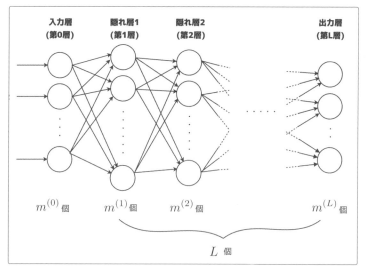
図2-28

一般的にニューラルネットワークの層の数に、入力層は含めない。だから入力層だけ特別に0という添え字を使うし、図にも隠れ層から出力層にかけて L 個の層がある、という表現を使っているよ。

へー、じゃあ、図2-28は L 層のニューラルネットワークだし、図2-22は2層のニューラルネットワークって言うのかな？

そうだね。この時、入力ベクトル $\boldsymbol{x}^{(0)}$、第 l 層の重み行列 $\boldsymbol{W}^{(l)}$、第 l 層のバイアス $\boldsymbol{b}^{(l)}$ はそれぞれこうなる。

$$\boldsymbol{x}^{(0)} = \begin{bmatrix} x_1 \\ x_2 \\ \vdots \\ x_{m^{(0)}} \end{bmatrix} \quad \cdots\cdots 要素数 m^{(0)} 個のベクトル$$

$$\boldsymbol{W}^{(l)} = \begin{bmatrix} w_{11}^{(l)} & w_{12}^{(l)} & \cdots & w_{1m^{(l-1)}}^{(l)} \\ w_{21}^{(l)} & w_{22}^{(l)} & \cdots & w_{2m^{(l-1)}}^{(l)} \\ \vdots & \vdots & \ddots & \vdots \\ w_{m^{(l)}1}^{(l)} & w_{m^{(l)}2}^{(l)} & \cdots & w_{m^{(l)}m^{(l-1)}}^{(l)} \end{bmatrix} \quad \cdots\cdots m^{(l)} \times m^{(l-1)} の行列$$

$$\boldsymbol{b}^{(l)} = \begin{bmatrix} b_1^{(l)} \\ b_2^{(l)} \\ \vdots \\ b_{m^{(l)}}^{(l)} \end{bmatrix} \quad \cdots\cdots 要素数 m^{(l)} 個のベクトル$$

(2-65)

それぞれ要素の個数に注意してね。そこがずれてると $\boldsymbol{W}$ と $\boldsymbol{x}$ の積や、$\boldsymbol{b}$ との和の計算ができなくなるから。

そっか、今までは自然と計算してきたから気にしなかったけど……。

$\boldsymbol{Wx}$ の積の計算をするために $\boldsymbol{W}$ の列数と $\boldsymbol{x}$ の行数が一致してることを改めて確認してね。

入力ベクトルは $m^{(0)} \times 1$ の形をした行列として考えていいんだよね。

うん、それでいいよ。そうすると、第 l 層の出力値はこう書けるね。

$$\boldsymbol{x}^{(l)} = \boldsymbol{a}^{(l)}(\boldsymbol{W}^{(l)}\boldsymbol{x}^{(l-1)} + \boldsymbol{b}^{(l)})$$

(2-66)

そして式2-66を層の数の分だけ繰り返し計算すれば、出力値が計算できる。

$$x^{(1)} = a^{(1)}(W^{(1)}x^{(0)} + b^{(1)})$$
$$x^{(2)} = a^{(2)}(W^{(2)}x^{(1)} + b^{(2)})$$
$$\vdots$$
$$y = a^{(L)}(W^{(L)}x^{(L-1)} + b^{(L)})$$

(2-67)

なるほど。最後まで同じ形で計算できるのは分かりやすくていいね。

n や $m^{(l)}$ なんかの文字のままだと具体的なものが想像しにくいけど、これまで正方形判定をしてきたニューラルネットワークに当てはめると、こんな感じ。

- 入力層のユニットは2個ある
- 第1層目のユニットは2個ある
- 第2層目のユニットは1個ある
- 入力層を除いてニューラルネットワークの層は全部で2個ある

うん。なんでも具体的に考えてみることは大事だよね……。それにしてもちょっと疲れちゃったなぁ。

今日はこの辺にしとこうか。あんまり詰め込みすぎても覚えきれないよね。

はー、そうだねー。家に帰ってもう1回復習しよ、っと……。

ニューラルネットワークの実体としては、行列やベクトル、活性化関数の計算だけだからあまり難しく考えすぎないようにね。

わかった。今日はありがとう！

うん。また今度ね！

活性化関数って一体なに？

今日もニューラルネットワークの勉強？

うん。友だちに順伝播の仕組みを数式を混じえながら教えてもらったんだけどね。

順伝播か。主に行列の計算の繰り返しだよね。

基本的にそうだけど、他にも活性化関数ってやつがあるじゃない？　アレがね、ちょっとまだちゃんと理解できてなくて……。

そうなんだ。ただの関数だから、そんなに難しく考えない方がいいんじゃない？

それはそうだし、ニューラルネットワークのパーツとして必要ってのはみんな言うけど、なぜ必要なのか、どんな関数を使うべきか、みたいな部分が気になってね。

あー、そっか。確かにそういうところはあまり話題にならないね。僕も詳しく知らないし。

でしょ？　だから、その辺を調べてたの。

何かわかった？

COLUMN

なぜ必要なのか？

 活性化関数を使わなかったらどうなるのか試してみた。

 おぉ、なるほどね。良い実験だ。

 うん。たとえばね、こういうとても単純なニューラルネットワークで考えてみるの。

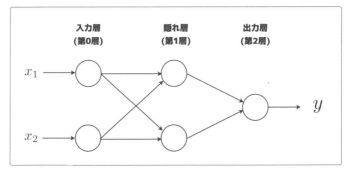

図2-c-1

 このニューラルネットワークは、入力 x に加えて2つの重み行列 $W^{(1)}, W^{(2)}$ で構成されるよね。

$$x = \begin{bmatrix} x_1 \\ x_2 \end{bmatrix}, W^{(1)} = \begin{bmatrix} w^{(1)}_{11} & w^{(1)}_{12} \\ w^{(1)}_{21} & w^{(1)}_{22} \end{bmatrix}, W^{(2)} = \begin{bmatrix} w^{(2)}_{11} & w^{(2)}_{12} \end{bmatrix}$$

(2-c-1)

 ちなみに、バイアスはこの実験にはあってもなくてもどっちでもよさそうだったから、とりあえず無視して考えるね。

 ということは、このニューラルネットワークの順伝播の計算はこの式で表せるってことだね。

$$y = \boldsymbol{a}^{(2)}(\boldsymbol{W}^{(2)}\boldsymbol{a}^{(1)}(\boldsymbol{W}^{(1)}\boldsymbol{x})) \quad (2\text{-c-}2)$$

そう。それが何かしらの活性化関数を通した場合ね。

で、活性化関数を使わないってことは、重みと入力の積和の計算をそのまま次の層へ伝える、ってことだよね。

そうそう。式2-c-2の活性化関数 $\boldsymbol{a}^{(1)}$ と $\boldsymbol{a}^{(2)}$ を取り除いて、そして行列の計算を実際にやってみる。

$$\begin{aligned}
&\boldsymbol{W}^{(2)}\boldsymbol{W}^{(1)}\boldsymbol{x} \\
&= \begin{bmatrix} w_{11}^{(2)} & w_{12}^{(2)} \end{bmatrix} \begin{bmatrix} w_{11}^{(1)} & w_{12}^{(1)} \\ w_{21}^{(1)} & w_{22}^{(1)} \end{bmatrix} \begin{bmatrix} x_1 \\ x_2 \end{bmatrix} \\
&= \begin{bmatrix} w_{11}^{(2)}w_{11}^{(1)} + w_{12}^{(2)}w_{21}^{(1)} & w_{11}^{(2)}w_{12}^{(1)} + w_{12}^{(2)}w_{22}^{(1)} \end{bmatrix} \begin{bmatrix} x_1 \\ x_2 \end{bmatrix} \\
&= (w_{11}^{(2)}w_{11}^{(1)} + w_{12}^{(2)}w_{21}^{(1)})x_1 + (w_{11}^{(2)}w_{12}^{(1)} + w_{12}^{(2)}w_{22}^{(1)})x_2
\end{aligned}$$

(2-c-3)

こういう結果を得るわけだけど、この最後の式を見て何か気付かない？

もしかして、単層パーセプトロン？

ぐっ、そうも簡単に気付かれるとちょっと悔しいけど……。そう、重み自体は6個あるんだけど、x_1, x_2 でまとめてくくれるわけだから、つまり

$$\begin{aligned}
C_1 &= w_{11}^{(2)}w_{11}^{(1)} + w_{12}^{(2)}w_{21}^{(1)} \\
C_2 &= w_{11}^{(2)}w_{12}^{(1)} + w_{12}^{(2)}w_{22}^{(1)}
\end{aligned}$$

(2-c-4)

COLUMN

という風にそれぞれ置くと、結局は C_1, C_2 を重みとした単層のパーセプトロンにしかならないんじゃないかな、って。

$$C_1 x_1 + C_2 x_2 \qquad (2\text{-}c\text{-}5)$$

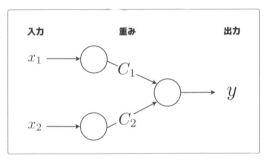

図2-c-2

なるほど！ アヤ姉、その通りだと思うよ。活性化関数が無いと、表現力が単層パーセプトロンと同じにしかならないってことだ。

どんな関数を使うべき？

そうすると、どんな関数を使うべきか、という問いの答えも自然と出てくる気がする。

えっ、そうなの？ 私、まだそこまで到達してないんだけど……。

たぶん線形の関数を使うとダメなんじゃないかな？ あ、線形の関数っていうのは、この関係性が成り立つ関数って意味ね。

$$f(x+y) = f(x) + f(y)$$
$$f(ax) = af(x) \qquad (2\text{-}c\text{-}6)$$

活性化関数には線形の関数を使わずに、非線形の関数を使うべき、ということだと思う。

非線形……。そういえばミオもそんなこと言ってたな。

というのも、活性化関数を使わないってことは、よく考えると活性化関数にこういう恒等関数を使うのと同じことだよね。

$$f(x) = x \qquad (2\text{-c-}7)$$

あぁ、そう言われるとそうだね。計算をそのまま次の層へ伝える、という言葉をそのまま式にした感じだ。

で、気付いたんだけど、$f(x) = x$って線形の関数だよね。他にも$f(x) = -2x$とか$f(x) = \frac{1}{3}x$とかも全部線形だけど、こういう関数を使うと、今アヤ姉が話した内容と同じ議論が適用できそうだよ。

活性化関数	図2-c-1のニューラルネットワークの出力値
$f(x) = x$	$(w_{11}^{(2)} w_{11}^{(1)} + w_{12}^{(2)} w_{21}^{(1)})x_1 + (w_{11}^{(2)} w_{12}^{(1)} + w_{12}^{(2)} w_{22}^{(1)})x_2$
$f(x) = -2x$	$(4w_{11}^{(2)} w_{11}^{(1)} + 4w_{12}^{(2)} w_{21}^{(1)})x_1 + (4w_{11}^{(2)} w_{12}^{(1)} + 4w_{12}^{(2)} w_{22}^{(1)})x_2$
$f(x) = \frac{1}{3}x$	$(\frac{1}{9}w_{11}^{(2)} w_{11}^{(1)} + \frac{1}{9}w_{12}^{(2)} w_{21}^{(1)})x_1 + (\frac{1}{9}w_{11}^{(2)} w_{12}^{(1)} + \frac{1}{9}w_{12}^{(2)} w_{22}^{(1)})x_2$

表2-c-1

ほー、計算してみると確かに……。どれも式2-c-5と同じように考えれそうだね。

ね、たぶんそういうことだよ。非線形の関数を使うと、こんな風にx_1, x_2でまとまることは無さそうだし、多層にする意味も出てきて表現力がより上がるんだろうね。

COLUMN

そういうことか。活性化関数としてはシグモイド関数が有名だって友だちが言ってたけど、じゃあその関数も非線形の関数だってことなんだね。

シグモイド関数は $f(x+y) = f(x) + f(y)$ も $f(ax) = af(x)$ も、どちらの関係式も成り立たない非線形の関数だね。

$$\frac{1}{1+e^{x+y}} \neq \frac{1}{1+e^x} + \frac{1}{1+e^y}$$

$$\frac{1}{1+e^{ax}} \neq \frac{a}{1+e^x} \qquad \text{(2-c-8)}$$

なるほどな〜、なんかスッキリした。

僕もスッキリしたよ。

自分で閃きたかったけどね……。

Chapter 3

逆伝播を学ぼう

アヤノは、ニューラルネットワークの
「重み」と「バイアス」をどうやって決めていけば
よいのかに疑問を持ったようです。
層の深いニューラルネットワークでの
「重み」と「バイアス」の計算はややこしくなりますが、
小さな工夫によって簡単にすることができます。

Section 1 ニューラルネットワークの重みとバイアス

ミオのおかげでニューラルネットワークのデータの流れはよく分かったし、いくつか練習問題を作って計算の練習もしてみたよ。

それはよかった。

ただ、自分で練習問題を作ったのはいいけど、重みとバイアスをどうすればいいかわかんなくてさ……。正方形判定のニューラルネットワークの時は、ミオが重みとバイアスの正解を知ってたじゃん。

自分で作った練習問題を解くための正しい重みとバイアスがわからなかったってこと？

うん。この前の問題をちょっとだけ修正した例を考えてたんだけどね。

> ニューラルネットワークに画像を入力して、その画像が細長いかどうかを判定せよ

細長いの定義は？

画像のアスペクト比(※)が低いもので、たとえば0.2以下のものとか。

ということは、アスペクト比が0.2以下であれば「細長い」、0.2より大きければ「細長くない」という判定をするニューラルネットワークということね。

うん、そんな感じ。ニューラルネットワークが1を出力すると「細長い」、0を出力すると「細長くない」という風に出力値を紐づけた。

※ アスペクト比は矩形の長辺と短辺の比率を表す値です。

いい練習だね。

でも、そのニューラルネットワーク、どういう重みとバイアスを使えば正しく「細長い」「細長くない」を計算してくれるかわかんなかったんだよね。私、答えを知らないから。

重みの調整は人間がやることじゃなくて、機械学習によって最適化されていくものだからね。最初は知らなくて当然だよ。

そうなんだけど、でも私、まだ学習のさせ方を知らないしさ、計算の練習だと思って重みの調整を頑張ってやってみたんだよね……。

じゃあさ、今回はニューラルネットワークの重みとバイアスの学習について勉強しようよ。

そう、そこを勉強したいと思ってたんだよ！ ニューラルネットワークの一番大事なところだよね。

そういえば、昨日買ってきたケーキが余ってるんだけど、せっかくだから食べながらやる？

なんでケーキ余ってるのよ……。

いや、つい欲が出てたくさん買っちゃった……いらない？

たっ、食べるけど〜。

Section 2 人間の限界

アヤノは、重みとバイアスの調整はどんな風にやったの？

正方形を判定するニューラルネットワークがあったよね。

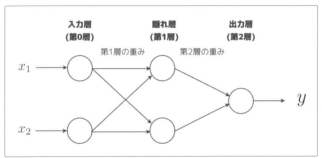

図3-1

このニューラルネットワークに対して、正方形判定の時と同じ重みとバイアスを適用して計算するところから始めてみたんだよ。

$$\boldsymbol{W}^{(1)} = \begin{bmatrix} 1 & -1 \\ -1 & 1 \end{bmatrix}, \quad \boldsymbol{W}^{(2)} = \begin{bmatrix} -1 & -1 \end{bmatrix}$$

$$\boldsymbol{b}^{(1)} = \begin{bmatrix} 0 \\ 0 \end{bmatrix}, \quad \boldsymbol{b}^{(2)} = \begin{bmatrix} 1 \end{bmatrix}$$

$$a^{(1)}(x) = \begin{cases} 0 & (x \leq 0) \\ 1 & (x > 0) \end{cases}, \quad a^{(2)}(x) = \begin{cases} 0 & (x \leq 0) \\ 1 & (x > 0) \end{cases} \quad (3\text{-}1)$$

それで、適当にサンプルの画像サイズを用意して、ニューラルネットワークの出力値の答えが合うように少しずつ重みとバイアスを修正していった。

それを全部、自分の手でやったんだね。

うん、そうだよ。たとえば100×10の画像。これはアスペクト比が0.1だから細長い画像に分類されるべきで、この画像をニューラルネットワークに与えてあげると、式3-1の重みとバイアスを使ってこんな風に計算できるよね。

$$\boldsymbol{x}^{(0)} = \begin{bmatrix} 100 \\ 10 \end{bmatrix}$$

$$\begin{aligned}
\boldsymbol{x}^{(1)} &= \boldsymbol{a}^{(1)}(\boldsymbol{W}^{(1)}\boldsymbol{x}^{(0)} + \boldsymbol{b}^{(1)}) \\
&= \boldsymbol{a}^{(1)}\left(\begin{bmatrix} 1 & -1 \\ -1 & 1 \end{bmatrix}\begin{bmatrix} 100 \\ 10 \end{bmatrix} + \begin{bmatrix} 0 \\ 0 \end{bmatrix}\right) \\
&= \boldsymbol{a}^{(1)}\left(\begin{bmatrix} 90 \\ -90 \end{bmatrix} + \begin{bmatrix} 0 \\ 0 \end{bmatrix}\right) \\
&= \begin{bmatrix} a^{(1)}(90) \\ a^{(1)}(-90) \end{bmatrix} \\
&= \begin{bmatrix} 1 \\ 0 \end{bmatrix}
\end{aligned}$$

$$\begin{aligned}
\boldsymbol{x}^{(2)} &= \boldsymbol{a}^{(2)}(\boldsymbol{W}^{(2)}\boldsymbol{x}^{(1)} + \boldsymbol{b}^{(2)}) \\
&= \boldsymbol{a}^{(2)}\left(\begin{bmatrix} -1 & -1 \end{bmatrix}\begin{bmatrix} 1 \\ 0 \end{bmatrix} + \begin{bmatrix} 1 \end{bmatrix}\right) \\
&= \boldsymbol{a}^{(2)}(\begin{bmatrix} -1 \end{bmatrix} + \begin{bmatrix} 1 \end{bmatrix}) \\
&= \begin{bmatrix} a^{(2)}(0) \end{bmatrix} \\
&= \begin{bmatrix} 0 \end{bmatrix}
\end{aligned}$$

(3-2)

結果的に100×10の画像に対しては0が出力されるんだけど、それだと「細長くない」に分類されたことになるから正しくないでしょ？ だから100×10の画像に対してちゃんと1を出力させるように重みとバイアスを適当にいじってもう一度計算してみる、という操作を繰り返してた。

適当にいじるってどんな風に？

ホントに適当にやるんだよ。たとえば第2層のバイアスをちょっと変えてみるね。$\boldsymbol{b}^{(2)} = [2]$とか。

$$\begin{aligned}
\boldsymbol{x}^{(2)} &= \boldsymbol{a}^{(2)}(\boldsymbol{W}^{(2)}\boldsymbol{x}^{(1)} + \boldsymbol{b}^{(2)}) \\
&= \boldsymbol{a}^{(2)}\left(\begin{bmatrix} -1 & -1 \end{bmatrix}\begin{bmatrix} 1 \\ 0 \end{bmatrix} + \begin{bmatrix} 2 \end{bmatrix}\right) \\
&= \boldsymbol{a}^{(2)}\left(\begin{bmatrix} -1 \end{bmatrix} + \begin{bmatrix} 2 \end{bmatrix}\right) \\
&= \begin{bmatrix} a^{(2)}(1) \end{bmatrix} \\
&= \begin{bmatrix} 1 \end{bmatrix}
\end{aligned}$$

(3-3)

そうすると、出力も1に変わったでしょ？ これだとちゃんと「細長い」に分類されたことになるから正しいと言える。

なるほどね。でも100×10の画像だけじゃなくて、他のサイズの画像も正しく判定できるような重みとバイアスを見つけないといけないよね。

そうなの！ ちょっと重みとバイアスを変えると、いま見ているサイズはいいんだけど、他のサイズの判定がうまくいかなくなったりするんだよね。

それは難しいよねぇ。

だから、そうやって全部の画像が正しく分類される重みとバイアスを見つけるのって、かなり辛かった。

よく頑張ったね……。

いやー結局は途中で面倒くさくなって、細長い判定のニューラルネットワークに最適な値は見つけられなかったんだよね。計算の練習にはなったけど。

でも、答えが想定と違うから、重みとバイアスを更新して想定した答えに近づけていく、という操作はまさに機械学習のアルゴリズムが学習する様相そのものだね。

機械学習のアルゴリズムもそんな泥臭い方法で学習するんだ。

そうだよ。コンピューターは同じことを何度やっても飽きないし、すごく高速に計算できるから、そういう泥臭い方法で頑張れる。

なるほどねぇ。じゃあ、私がやってた重みとバイアスの調整方法は、あながち間違ってはいなかったんだね。

それでも、人間がすることではないけどね。

ははは……。

Section 3 誤差

ニューラルネットワークの重みとバイアスの学習ってどうやるの？

じゃあ、最初に「答えが想定と違う」というのがどういう状態なのかを考えていこう。

「細長い」が出力されて欲しいのに「細長くない」が出力されちゃうという状態ね。

まず、適当なサイズの画像と、それが細長いか細長くないかのデータを準備する。いわゆる学習データと呼ばれるもので、x がニューラルネットワークへの入力値、y が正解ラベル。

画像サイズ	アスペクト比	分類	x	y
100 × 10	0.1	細長い	(100, 10)	1
100 × 50	0.5	細長くない	(100, 50)	0
15 × 100	0.15	細長い	(15, 100)	1
70 × 90	0.777…	細長くない	(70, 90)	0
100 × 100	1.0	細長くない	(100, 100)	0
50 × 50	1.0	細長くない	(50, 50)	0

表3-1

$y = 1$ のものが「細長い」で、$y = 0$ のものが「細長くない」ね。

これは私が適当に画像サイズを用意して、私がそのアスペクト比を計算して、私が「細長い」か「細長くない」かのラベルを付けたもの。

こんな風に学習データは一般的に入力値とラベルのペアを人間が用意してあげないといけないから、実はデータを集めることが一番大変だったりするんだよね。それを用意することを疎かにすると、ちゃんと学習できないことになるからね。

学習データの収集が大変だ、っていう話はよく聞くよね……。

うん、そうなんだよね。でも今はそれは置いといて。それでね、式3-1の重みとバイアスを使ったニューラルネットワークを $f(x)$ と定義する。

$$f(x) = a^{(2)}(W^{(2)} a^{(1)}(W^{(1)} x + b^{(1)}) + b^{(2)}) \qquad (3\text{-}4)$$

さっき私が式3-2で計算してみせたニューラルネットワークと同じものだね。

この式3-4に表3-1の学習データのxを渡して、その出力値を求めてくれないかな？

うん。やってみるよ。

画像サイズ	アスペクト比	分類	x	y	$f(x)$
100×10	0.1	細長い	(100, 10)	1	0
100×50	0.5	細長くない	(100, 50)	0	0
15×100	0.15	細長い	(15, 100)	1	0
70×90	0.777…	細長くない	(70, 90)	0	0
100×100	1.0	細長くない	(100, 100)	0	1
50×50	1.0	細長くない	(50, 50)	0	1

表3-2

アスペクト比が1.0以外の画像は全部0になっちゃった。

そもそも式3-1の重みとバイアスは画像が正方形かどうかを判定するものだったからね。

あっ、そうだった。100×100と50×50は正方形だから、それだけ1が出力されるのは当たり前だね。

じゃあ、いまアヤノが計算した$f(x)$と、正解ラベルのyを比較して欲しいんだけど、一致してるものと一致してないものがあるよね。

うん、正解と不正解の両方あるね。結果を表に追記してみたよ。

画像サイズ	アスペクト比	分類	x	y	$f(x)$	一致？
100×10	0.1	細長い	(100, 10)	1	0	$y \neq f(x)$
100×50	0.5	細長くない	(100, 50)	0	0	$y = f(x)$
15×100	0.15	細長い	(15, 100)	1	0	$y \neq f(x)$
70×90	0.777…	細長くない	(70, 90)	0	0	$y = f(x)$
100×100	1.0	細長くない	(100, 100)	0	1	$y \neq f(x)$
50×50	1.0	細長くない	(50, 50)	0	1	$y \neq f(x)$

表3-3

もしかして $y \neq f(x)$ になっているものが「答えが想定と違う」ってやつ？

そういうこと。そして重みとバイアスの学習は、そんな風に「答えが想定と違う」ようなデータに対して、y と $f(x)$ の誤差の合計を最小にするように学習していくの。

ん、誤差を最小にする……？

いま計算してわかったように、間違った重みとバイアスを使うと出力値は正解ラベルと違うものになるよね。

うん。$y \neq f(x)$ という状態だ、ってことだよね。

そうね。ただ、理想的には y と $f(x)$ は一致してないといけない。

要するに $y = f(x)$ になってないといけないんだよね。

その式、右辺を移項するとこう表せるのはわかるかな？

$$y - f(x) = 0 \qquad (3\text{-}5)$$

これはyと$f(\boldsymbol{x})$の誤差が0という意味。

誤差を最小にする、ってそういうことか！ $y = f(\boldsymbol{x})$という状態が理想的で、それはつまり言い換えるとyと$f(\boldsymbol{x})$の誤差が0という状態が理想的とも言えるってことね？

その通り。全学習データに対して、正解ラベルyとニューラルネットワーク$f(\boldsymbol{x})$の誤差の合計が一番小さくなるように重みとバイアスを調整するの。

でも、全データの誤差を0にするっていうのは難しいんじゃない？

うん、実際に解きたい問題には、ノイズやあいまいさが含まれていることがほとんどだから、そうなると誤差を0にするのは難しい。

そうだよね。このデータは正解ラベルと一致するけど、重みとバイアスを調整したら、あのデータは一致しなくなった、ってことが結構あったよ。

だから「誤差の合計を最小にする」という言葉を使ったの。

なるほどね〜

ただ、この前やった長辺判定や正方形判定みたいな比較的簡単な問題は学習データさえ間違っていなければ、誤差を0にできるけどね。

へー、じゃあ細長い判定も頑張れば誤差を0にできるのかな……。

できるかもね。学習の方法を覚えたら試してみるといいよ。

そうだね。後でやってみる。

Section 4 目的関数

誤差の合計を最小にしたらいいのはわかったけど、どうやって最小にしていくのかまだイメージが湧かないなぁ。人間ががむしゃらにやるんじゃなくて、もっと効率的な方法があるんだよね。

もちろん。微分を使っていくよ。

微分！ 完璧じゃないけど、この前ちゃんと復習しといてよかった。

復習したんだ。さすがだね。

あっ、うーん……。完璧じゃないけど、基本的なところは大丈夫だと思う。

心強いね。じゃあ話を進めるけど、まず学習データとそのラベルに対して番号を振っていきましょう。

k	画像サイズ	アスペクト比	分類	$\boldsymbol{x}_k$	y_k	$f(\boldsymbol{x}_k)$	一致？
1	100 × 10	0.1	細長い	(100, 10)	1	0	$y_1 \neq f(\boldsymbol{x}_1)$
2	100 × 50	0.5	細長くない	(100, 50)	0	0	$y_2 = f(\boldsymbol{x}_2)$
3	15 × 100	0.15	細長い	(15, 100)	1	0	$y_3 \neq f(\boldsymbol{x}_3)$
4	70 × 90	0.777…	細長くない	(70, 90)	0	0	$y_4 = f(\boldsymbol{x}_4)$
5	100 × 100	1.0	細長くない	(100, 100)	0	1	$y_5 \neq f(\boldsymbol{x}_5)$
6	50 × 50	1.0	細長くない	(50, 50)	0	1	$y_6 \neq f(\boldsymbol{x}_6)$

表3-4

一番左側に k という列を追加して番号を振っただけ。これで、学習データやその正解ラベルを $\boldsymbol{x}_k$ や y_k と表せる。

それって、たとえば1番目のデータは $\boldsymbol{x}_1 = (100, 10), y_1 = 1$ だし、2番目のデータは $\boldsymbol{x}_2 = (100, 50), y_2 = 0$ という風に表せるってこと？

そうそう。k 番目のデータを $\boldsymbol{x}_k, y_k$ と表す約束ね。

番号振ってどうするの？

誤差の合計を最小にしていくために、まずは「誤差の合計」という言葉を数式で表したいと思ってるんだけど、アヤノはもう誤差については知ってるよね。

さっきの $y - f(\boldsymbol{x})$ が誤差だよね。あ、せっかく番号を振ったんだから、こう書いたほうがいいのかな？

$$y_k - f(\boldsymbol{x}_k) \tag{3-6}$$

そうそう。それが k 番目のデータの誤差だね。あとはそれを合計すればいいだけ。

足せばいいだけ？

$$\begin{aligned}(y_1 - f(\boldsymbol{x}_1)) + (y_2 - f(\boldsymbol{x}_2)) \ &+ \\ (y_3 - f(\boldsymbol{x}_3)) + (y_4 - f(\boldsymbol{x}_4)) \ &+ \\ (y_5 - f(\boldsymbol{x}_5)) + (y_6 - f(\boldsymbol{x}_6)) & \end{aligned} \tag{3-7}$$

うん、そうなんだけど、それだと冗長だから、総和の記号 $\sum$ をつかってこんな風に書こう。

$$\sum_{k=1}^{6} (y_k - f(\boldsymbol{x}_k)) \tag{3-8}$$

そっか、シグマを使ってまとめれるんだね。$\sum$って記号には未だに慣れないなぁ……。

1番目のデータから6番目のデータまでの誤差$y_k - f(\boldsymbol{x}_k)$を単純に足してるだけだから、難しく考えちゃダメだよ。式3-7と式3-8はまったく同じ意味。

うん。でも、$\sum$の記号があるだけで、なんか数式！って感じがするよね……。

その気持ち、わからないでもないけど……まあ、それはいいとして、ここで1つ注意しないといけないことがある。

なに？

今まで、暗黙的に誤差を正の数だと決めつけて話を進めてきたけど、そうじゃない場合もあるんだよね。

……ん、どういうこと？

表3-4をもう一度見て欲しいんだけど、たとえば1番目の誤差は正の数だけど、5番目の誤差は負の数になるよね。

$$\begin{aligned} y_1 - f(\boldsymbol{x}_1) &= 1 - 0 = 1 \\ y_5 - f(\boldsymbol{x}_5) &= 0 - 1 = -1 \end{aligned} \quad (3\text{-}9)$$

あぁ、確かに。すべてが正の数じゃないね。

いま学習データを6個準備したけど、実はそれらの誤差を合計すると正の数と負の数が相殺しあって0になっちゃう。

$$\sum_{k=1}^{6}(y_k - f(\boldsymbol{x}_k))$$
$$=(1-0)+(0-0)+(1-0)+(0-0)+(0-1)+(0-1)$$
$$=1+0+1+0+(-1)+(-1)$$
$$=0 \tag{3-10}$$

そういうことか。答えが違うデータが4つあるのに、誤差の合計を計算すると0になってしまうのは良くないね。

だよね。そういう問題があるから誤差を正の数に揃えたいんだけど、じゃあ、どうすればいいか考えてみよう。

正の数に揃える……。絶対値を取るってこと？

$$\sum_{k=1}^{6}|y_k - f(\boldsymbol{x}_k)| \tag{3-11}$$

確かに絶対値を取ると正の数に揃えられるんだけど、普通は使わないかな。

あれ、そうなんだ。なんで？

最初に微分を使うと言ったけど、あとでこの誤差の合計を微分することになる。もしここで絶対値を使うと、絶対値の微分をしないといけなくなるんだけど、それは避けたいからね。

絶対値の微分って難しいんだっけ？

微分できない場所があるのと、場合分けしないといけないからね。ちょっと面倒くさい。

じゃあ、どうするの? 他に正の数に揃えるやり方ある?

実数であれば、絶対値を取る代わりに2乗してもいいよね。2乗だと微分もしやすい。

$$\sum_{k=1}^{6} (y_k - f(\boldsymbol{x}_k))^2 \qquad (3\text{-}12)$$

あぁ、そっか……。2乗しても絶対に正の数になるね。

ということで、これで誤差の合計を表すことができたね。

これまで誤差の合計って言ってたのは式3-12のことだったんだね。

うん。各誤差は2乗されていて必ず正の数になるから、式3-12を最小に近づければ、それはつまり誤差が無くなっていくことにつながる。

じゃあ、式3-12の値が小さくなるように重みとバイアスをいじっていけば、ニューラルネットワーク f が正しい値を出力するようになる、ってことね。

そうだね。実際には誤差の合計は、重みとバイアスの関数としてこんな風に表した方がわかりやすいかな。

$$E(\boldsymbol{W}^{(1)}, \boldsymbol{b}^{(1)}, \boldsymbol{W}^{(2)}, \boldsymbol{b}^{(2)}) = \sum_{k=1}^{6} (y_k - f(\boldsymbol{x}_k))^2 \qquad (3\text{-}13)$$

E というのは、誤差を英語で表した「Error」の頭文字を取った表記。

うん、E はいいとして……なんで重みとバイアスの関数として表したほうがいいの？

たとえばこんな関数を考えてみて。

$$g(x) = x^2 \tag{3-14}$$

単純な二次関数？

これは x の関数になっていて、x の値が変わると $g(x)$ の値も変わるよね。

うん。$x = 1$ なら $g(1) = 1$ だし、$x = 2$ なら $g(2) = 4$ だし。$g(x)$ は x によって変わるね。

それと同じこと。いま私たちが注目しているのは重みとバイアスでしょ？それらが変わるとニューラルネットワークの出力値が変わって、ひいては誤差の合計も変わることになる。

E という誤差の合計を表す関数の値が、重みとバイアスによって変わる、ってことか。

そう。そんな風に頭で意識しやすくするための書き方だよ。

でも $E(\boldsymbol{W}^{(1)}, \boldsymbol{b}^{(1)}, \boldsymbol{W}^{(2)}, \boldsymbol{b}^{(2)})$ って、なんか長ったらしい書き方だよね……。

そうね。確かにちょっと冗長だから、パラメータを全部 $\boldsymbol{\Theta}$ という文字にまとめてしまったほうが良いかも。

$$\boldsymbol{\Theta} = \{\boldsymbol{W}^{(1)}, \boldsymbol{b}^{(1)}, \boldsymbol{W}^{(2)}, \boldsymbol{b}^{(2)}\}$$
$$E(\boldsymbol{\Theta}) = \sum_{k=1}^{6} (y_k - f(\boldsymbol{x}_k))^2 \tag{3-15}$$

Θって始めてみた……。

θの大文字がΘだよ。シータと読むね。シータ自体は未知数を表す時なんかによく使われるかな。

なるほど……。重みとバイアスを未知数として考えるんだね。

これで、$E(\Theta)$を最小にするためのΘ(実際には$W^{(1)}, b^{(1)}, W^{(2)}, b^{(2)}$)を探す、という言い方ができるようになるね。

がむしゃらに探すんじゃなくて、探す方向性がわかったんだね。

あと、今は学習データが6個あるから6回足すようになってるけど、一般的に学習データがn個あると仮定して、こう書くことが多いかな。

$$E(\Theta) = \sum_{k=1}^{n} (y_k - f(\boldsymbol{x}_k))^2 \tag{3-16}$$

シグマの上についてる数字が6からnになったんだね。n個の学習データの誤差を足し上げる、ってことね。

そして、最後にもうひとつテクニックを。誤差の合計に$\frac{1}{2}$を掛けてあげよう。

$$E(\Theta) = \frac{1}{2} \sum_{k=1}^{n} (y_k - f(\boldsymbol{x}_k))^2 \tag{3-17}$$

えっ、なんで突然……。

あとで誤差を微分した時に、結果の式を簡単にするためのものだね。

ふーん、あとで効いてくるおまじないって感じね。勝手に $\frac{1}{2}$ を掛けたりしていいの？

正の定数を掛けるだけなら誤差の合計の値が上下するだけで、誤差の合計が最小になる Θ の値自体は変わらないから大丈夫。

そうなんだね。

こんな風に、ある関数を最小にするパラメータを探すような問題は**最適化問題**、そしてその最適化問題において、最小の値を探す関数を**目的関数**と呼ぶから覚えておくといいよ。今回は $E(\Theta)$ が目的関数だね。

最適化問題と目的関数、だね。わかった！

Section 5 勾配降下法

目的関数はわかったけど、結局どうやって重みとバイアスを変えていけばいいのかがわかんない……。重みとバイアスを変える前後で誤差を比較すれば、正解に近づいてるかどうかくらいはわかると思うけど。

うまいやり方があるから、一緒に考えていこう。

どうすればいいの？

さっき少し言ったけど、微分を使って解いていくよ。最適化問題で最適なパラメータを探す時は、これから説明するやり方がよく使われるから、ちゃんと理解しておこうね。

微分って、変化の度合いを求めるもの、だったよね。

そうそう。微分を使ってどんな風に最適化問題を解くのか理解するために、まずは簡単な問題を解いてみよっか。

たとえば、どんな問題？

んー、そうだね……。じゃあ、こういう問題。

> $g(x) = (x-1)^2$ という関数 g において、$g(x)$ が最小となる x を求めよ

おぉ、また二次関数……ってこれ、$x = 1$ の時に $g(1) = 0$ で最小になるって、すぐわかるね。

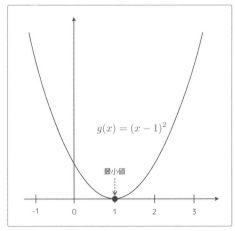

図3-2

うん。この問題を、あえて最適化問題を解くのと同じ方法を使って $x = 1$ という答えを求めてみるってこと。

なるほど。

まずは、関数 g の増減表を作りたい。増減表っておぼえてる？

関数の増減がどんな風に変動するのかを調べるものだっけ。

うん。x がこの範囲にある時に $g(x)$ は増え続けて、x があの範囲にある時に $g(x)$ は減り続けて、という関数の状態をチェックするのが増減表ね。

微分して、その符号を見ればいいんだよね。

お、さすがだね。じゃあ、早速 $g(x)$ を微分して欲しいんだけど。できるかな？

微分はこの前復習したからね……。

$$\begin{aligned}\frac{dg(x)}{dx} &= \frac{d}{dx}(x-1)^2 \\ &= \frac{d}{dx}(x^2 - 2x + 1) \\ &= 2x - 2\end{aligned} \quad (3\text{-}18)$$

それでいいよ。導関数の符号を確認して、増減表を作ってみて。

導関数って微分した後の関数のことだよね。$2x-2$の符号を見ればいいんだから、増減表はこうかな？

xの範囲	$\dfrac{dg(x)}{dx}$の符号	$g(x)$の増減
$x < 1$	−	↘
$x = 0$	0	
$x > 1$	+	↗

表3-5

うん。この増減表から読み取れるのは、$x<1$の時はグラフが右下がりになっていて、逆に$x>1$の時はグラフが右上がりになっているということ。

図3-2のグラフを見てもちゃんとそうなってるね。

ここで、グラフの増減が分かるということは、xをどんな方向に動かせば$g(x)$の値が小さくなるかが分かるってこと。

どんな方向に動かせば……？

じゃあ、たとえば$x=3$の時のことを考えてみよう。$x=3$の時に$g(x)=4$が最小値じゃないのは図3-2でも明らかだけど、これを最小値に近づけていくためにはxを右と左のどっちに動かせばいいかな？

ああ、なるほど。xを左方向に動かしていけば最小値に近づいていくね。

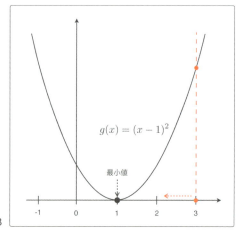

図3-3

そうだね。つまり $x=3$ の位置だと、x を減らしていけば $g(x)$ も減るということ。

うん。そうなってる。

じゃあ、今度は $x=-1$ の時はどうかな？ $g(x)$ を最小値に近づけていくためには、どっちに動かせばいい？

今度は右方向ってことね。

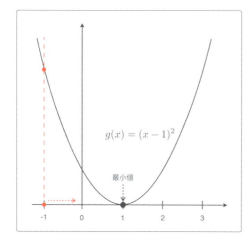

図3-4

つまり $x=-1$ の位置だと、x を増やしていけば $g(x)$ は減るということ。

なるほど。グラフの形がわかれば x を増やすのか減らすのかがわかるんだね。

今は $x=3$ と $x=-1$ という具体的な数値で考えたけど、もう少しまとめると、こんな風に言えることがわかる。

・$x<1$ の時は x を増やせば $g(x)$ が減っていく
・$x>1$ の時は x を減らせば $g(x)$ が減っていく

それ、さっきの増減表3-5に一緒にまとめれそうだね。

xの範囲	$\frac{dg(x)}{dx}$の符号	$g(x)$の増減	$g(x)$を最小にするには？
$x < 1$	−	↘	xを増やす
$x = 0$	0		すでに最小値
$x > 1$	+	↗	xを減らす

表3-6

いいね！ その表を見ればもうわかると思うけど、$g(x)$を最小にするためにxを動かす方向は、導関数の符号と連動しているの。

あ、導関数の符号と逆方向に動かせばいいってこと？

その通り。導関数の符号がマイナスの時はxを増やせばいいし、導関数の符号がプラスの時はxを減らせばいい。そうすればおのずと$g(x)$が小さくなっていく。

なるほどなぁ。

導関数の符号と逆方向に動かすという部分を素直に式にすると、こんな風に書ける。

$$x := x - \frac{dg(x)}{dx} \tag{3-19}$$

見慣れないかもしれないけどA := Bという書き方は、AをBによって定義する、という意味だよ。

xを導関数の符号と逆に動かすことで、次の新しいxを定義してる感じ？

うん。この操作を何度も繰り返すことで、$g(x)$がどんどん小さくなって最終的には最小値まで持っていけるようになる。

$g(x)$の微分は$2x-2$だから、式3-19に代入するとこう書けるってことだよね。

$$x := x - (2x - 2) \tag{3-20}$$

そうだね。

さっき$x=3$からはじめる例があったけど、式3-20を使って繰り返しxを更新していけば$g(x)$を最小にできるってことね。

$$
\begin{aligned}
x &:= 3 - (2 \cdot 3 - 2) & &= 3 - 4 & &= -1 &&\cdots\text{1回目の更新} \\
x &:= -1 - (2 \cdot -1 - 2) & &= -1 + 4 & &= 3 &&\cdots\text{2回目の更新} \\
x &:= 3 - (2 \cdot 3 - 2) & &= 3 - 4 & &= -1 &&\cdots\text{3回目の更新} \\
x &:= -1 - (2 \cdot -1 - 2) & &= -1 + 4 & &= 3 &&\cdots\text{4回目の更新}
\end{aligned}
\tag{3-21}
$$

あれ……ループしてる気がする。私なんか間違えた？

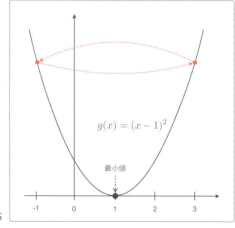

図3-5

式3-19は導関数の符号と逆方向に動かす、という動作だけを式にしたものだから、実はそれだけだと足りないものがあるの。

えっ、そうなんだ。

いまわかっている「どちらの方向に動かすか」という情報の他に、「どれくらい動かすか」ということも考える必要がある。

何も考えないと、さっきみたいに x を動かしすぎてうまくいかないってこと？

そうだね。そのことを加味して、式3-19をちょっとだけ修正してあげたのが、これ。

$$x := x - \eta \frac{dg(x)}{dx} \tag{3-22}$$

η がついただけだね。これなに？

イータと読むよ。これは**学習率**と呼ばれる正の定数で、これによって x を動かす量を制御することになる。

さっき私の計算がループに陥った時は、$\eta = 1$ で計算していたってことかな。

そうそう。$\eta = 1$ だと x が大きく動きすぎるから、今度はたとえば $\eta = 0.1$ で計算してみるとうまくいくと思うよ。

やってみる！ 小数の計算はちょっと面倒くさいから、小数点第二位以下は切り捨てていいかな？

$$\begin{aligned}
x &:= 3 - 0.1 \cdot (2 \cdot 3 - 2) & &= 3 - 0.4 & &= 2.6 & &\text{……1回目の更新} \\
x &:= 2.6 - 0.1 \cdot (2 \cdot 2.6 - 2) & &= 2.6 - 0.3 & &= 2.3 & &\text{……2回目の更新} \\
x &:= 2.3 - 0.1 \cdot (2 \cdot 2.3 - 2) & &= 2.3 - 0.2 & &= 2.1 & &\text{……3回目の更新} \\
x &:= 2.1 - 0.1 \cdot (2 \cdot 2.1 - 2) & &= 2.1 - 0.2 & &= 1.9 & &\text{……4回目の更新}
\end{aligned} \tag{3-23}$$

今度はだんだん $x = 1$ に近づいていくようになった！

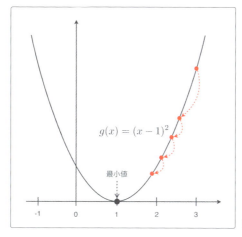
図3-6

η が大きすぎると x が行ったり来たり、あるいは最小値から離れていくこともある。これは「発散している」と呼ばれる状態ね。

逆に η を小さく取ると、x の移動量が減って最小値に近づくようにはなるけど、その分更新回数が増えることにはなる。これは「収束している」と呼ばれる状態ね。

η を小さくしておかないと、いくら正しい方向に動かしたとしても、そもそも最小値に近づいていかないんだね。

ここまでが微分を使った最適化問題の解き方。**勾配降下法**と呼ばれる手法だよ。

よくできてるねぇ。

話を目的関数に戻そう。

$$E(\boldsymbol{\Theta}) = \frac{1}{2} \sum_{k=1}^{n} (y_k - f(\boldsymbol{x}_k))^2$$

（3-24）

この目的関数を最小にする $\boldsymbol{\Theta}$ を勾配降下法で見つけたい。そのためにどうすればいいか考えてみよう。

えーっと……どうすればいいんだっけ。

さっきの例では、x を更新しながら $g(x)$ を小さくしていけばよかったんだよね。それを目的関数にも当てはめてみればいい。

今回の場合だと…… $\boldsymbol{\Theta}$ を更新しながら $E(\boldsymbol{\Theta})$ を小さくしていけばいいんだから、式3-22を真似ると、こういう更新式になるのかな？

$$\boldsymbol{\Theta} := \boldsymbol{\Theta} - \eta \frac{d}{d\boldsymbol{\Theta}} E(\boldsymbol{\Theta})$$

（3-25）

そのまま置き換えるとそうなるね。けど、もう少し頑張ろう。$\boldsymbol{\Theta}$ が一体なんだったのかをもう一度思い出してみて。

そうか、$\boldsymbol{\Theta}$ は重み行列とバイアスをまとめたものだったね。

$$\boldsymbol{\Theta} = \{\boldsymbol{W}^{(1)}, \boldsymbol{b}^{(1)}, \boldsymbol{W}^{(2)}, \boldsymbol{b}^{(2)}\}$$

（3-26）

そうそう。そして、その重み行列とバイアスのベクトルもそれぞれ要素を持っているよね。

$$\boldsymbol{W}^{(1)} = \left[\begin{array}{cc} w_{11}^{(1)} & w_{12}^{(1)} \\ w_{21}^{(1)} & w_{22}^{(1)} \end{array}\right], \quad \boldsymbol{W}^{(2)} = \left[\begin{array}{cc} w_{11}^{(2)} & w_{12}^{(2)} \end{array}\right]$$
$$\boldsymbol{b}^{(1)} = \left[\begin{array}{c} b_1^{(1)} \\ b_2^{(1)} \end{array}\right], \qquad \boldsymbol{b}^{(2)} = \left[\begin{array}{c} b_1^{(2)} \end{array}\right]$$

（3-27）

そっかそっか。$w_{ij}^{(l)}$ とか $b_i^{(l)}$ とかが実際の重みやバイアスの値だったね。

だから、いま私たちが注目してる目的関数 $E(\boldsymbol{\Theta})$ は、実は変数が9個あるんだよ。

$g(x)$ の時は、動かす値は x の 1 個しかなかったけど、今回は動かす値が 9 個あるってこと……？

そうなるね。変数が 2 個以上ある多変数関数を扱う場合でも勾配降下法は使えるんだけど、微分する時は動かしたい変数に注目して**偏微分**をすることになるから気をつけてね。

なるほど、偏微分になるんだね……。

それを踏まえると、パラメータの更新式はこう書ける。

$$w_{ij}^{(l)} := w_{ij}^{(l)} - \eta \frac{\partial E(\boldsymbol{\Theta})}{\partial w_{ij}^{(l)}}$$

$$b_i^{(l)} := b_i^{(l)} - \eta \frac{\partial E(\boldsymbol{\Theta})}{\partial b_i^{(l)}}$$

（3-28）

それぞれの重みとバイアスを更新していく形になるわけね。

当然この更新式を求めるためには $E(\boldsymbol{\Theta})$ を各変数で偏微分していかないといけない。どれか適当に重みを選んでやってみる？

う、うん……なんか難しそうだけど、じゃあ第 1 層の重み $w_{11}^{(1)}$ で偏微分の計算をやってみようかな。

$$\frac{\partial E(\boldsymbol{\Theta})}{\partial w_{11}^{(1)}}$$

$$= \frac{\partial}{\partial w_{11}^{(1)}} \left(\frac{1}{2} \sum_{k=1}^{n} (y_k - f(\boldsymbol{x}_k))^2 \right) \quad \text{……式 3-24 を代入}$$

$$= \frac{1}{2} \cdot \frac{\partial}{\partial w_{11}^{(1)}} \sum_{k=1}^{n} (y_k - f(\boldsymbol{x}_k))^2 \quad \text{……定数を微分の外に出す}$$

$$= \frac{1}{2} \cdot \frac{\partial}{\partial w_{11}^{(1)}} \sum_{k=1}^{n} \left(y_k - \boldsymbol{a}^{(2)}(\boldsymbol{W}^{(2)} \boldsymbol{a}^{(1)}(\boldsymbol{W}^{(1)} \boldsymbol{x} + \boldsymbol{b}^{(1)}) + \boldsymbol{b}^{(2)}) \right)^2$$

……式 3-4 を代入

（3-29）

えーと、あれ……これどうなってるんだ？ そもそも $w^{(1)}_{11}$ ってどこにあるんだっけ？ ちょっとまって……んー、やっぱりこれ難しいぞ……？

ニューラルネットワークって、層ごとに非線形の活性化関数を通してるから、実は大きくて複雑な合成関数になってるんだよね。

は、はぁ……。合成関数……。

ニューラルネットワークの式 $a^{(2)}(W^{(2)}a^{(1)}(W^{(1)}x+b^{(1)})+b^{(2)})$ の活性化関数にだけ注目してみると $a^{(2)}(a^{(1)}(x))$ みたいに、関数が重なってるように見えるよね。こんな風に関数が重なったものを合成関数って言うんだけど、それを微分するのって結構大変なんだよね。

まあ確かに、パッと見てどうやって微分するんだ、って感じね……。

ほら、$w^{(1)}_{11}$ って $W^{(1)}$ の中に含まれてるから、$a^{(1)}(W^{(1)}x+b^{(1)})$ の中に出てくるはずでしょ？ 一般的に、$a^{(1)}(W^{(1)}x+b^{(1)})$ 単体の微分なら難しくないんだけど、$a^{(2)}(a^{(1)}(W^{(1)}x+b^{(1)}))$ のように関数が重なった時の微分は、ちょっと大変になるんだよね。

うん、なんか直感的に大変にはなりそうだね。でもミオなら解けるんだよね？

今考えているニューラルネットワークは2層しかないから頑張ればできると思うけど、これがもっと層が深くなって、たとえば5層の $a^{(5)}(a^{(4)}(a^{(3)}(a^{(2)}(a^{(1)}(x)))))$ のようなニューラルネットワークのことを考えてみると、かなり大変そうじゃない？

んー、確かにそれは大変そうだ……。$w^{(1)}_{11}$ って最初の層の重みだから、関数が重なってて、微分するのが実はかなり難しいってこと？

少なくとも私は大変って感じるかな。

えー、じゃあなんで私に微分させようとしたんだよー。

はは、アヤノがいきなり $w_{11}^{(1)}$ を選んで微分しようとするとは思わなかったけどね。でも、これでニューラルネットワークの微分って結構大変そうだ、っていう実感が湧いたんじゃない？

うん、ミオでも大変って感じるんだったら私にはもう無理。

層の深いニューラルネットワークを正攻法で微分しようとすると結構大変なんだけど、ちょっと工夫することで比較的簡単に計算できる方法があるから、それを一緒に考えていこう。

Section 6　小さな工夫デルタ

なんだー、もっと簡単な方法があるんだね。最初からその話をしてくれればよかったのに。

物事には順序があるからね。ちゃんと順を追って話すと頭が整理されていいんだよ。さっき、ちょっとだけ大変さも実感したことだし、これで新しい方法のありがたみもきっとわかるよ。

それもそっか。いきなりフレームワークを使って楽をするより、苦労してゼロから全部を実装した経験があった方が理解もはかどるしね。

さすが、たとえがプログラマ……。

あ、ごめんね。わかりにくかった？

いや、わかるよ。それと同じことだね。

だよねー。で、どうするの？

さっき、$w_{11}^{(1)}$のような入力層に近い部分の重みを微分するのは難しいという話をしたけど、逆に考えると出力層に近い部分の重みは比較的簡単に微分できるようになってる。まずはそこから手を付けてみよう。

そ、そうか……逆転の発想ってやつね。でも、そんなに単純なの……？

層が増えても簡単に計算できるというメリットがわかりやすいように、いま考えていたニューラルネットワークに、もう1つ層を増やした例で考えてみるね。

全部で3層あるニューラルネットワークってこと？

うん、つまり重み行列とバイアスのベクトルも3つ定義できる。

$$\boldsymbol{W}^{(1)} = \begin{bmatrix} w_{11}^{(1)} & w_{12}^{(1)} \\ w_{21}^{(1)} & w_{22}^{(1)} \end{bmatrix}, \boldsymbol{W}^{(2)} = \begin{bmatrix} w_{11}^{(2)} & w_{12}^{(2)} \\ w_{21}^{(2)} & w_{22}^{(2)} \end{bmatrix}, \boldsymbol{W}^{(3)} = \begin{bmatrix} w_{11}^{(3)} & w_{12}^{(3)} \end{bmatrix}$$

$$\boldsymbol{b}^{(1)} = \begin{bmatrix} b_1^{(1)} \\ b_2^{(1)} \end{bmatrix}, \qquad \boldsymbol{b}^{(2)} = \begin{bmatrix} b_1^{(2)} \\ b_2^{(2)} \end{bmatrix}, \qquad \boldsymbol{b}^{(3)} = \begin{bmatrix} b_1^{(3)} \end{bmatrix}$$

(3-30)

こういうニューラルネットワークね。

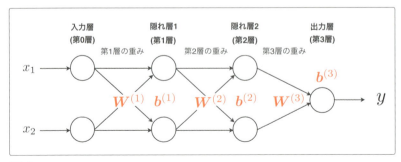

図3-7

このニューラルネットワークの場合、出力層に一番近い重みは第3層の重み $\boldsymbol{W}^{(3)}$ だよね。

うん。えっと、要するに $w_{ij}^{(3)}$ という重みでの偏微分は、簡単に計算できるってこと？

そう。でもいきなり $w_{ij}^{(3)}$ じゃなくて、まずは $w_{11}^{(3)}$ という具体的な重みで偏微分するところからやってみた方がいいかな。

$$\frac{\partial E(\boldsymbol{\Theta})}{\partial w_{11}^{(3)}} \tag{3-31}$$

図でいうと、この部分の重みね。

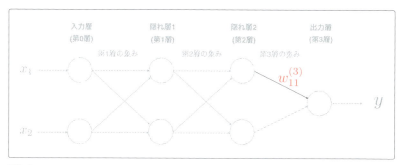

図3-8

そうだね。そして今後はより簡単に考えるために、誤差の合計 $E(\boldsymbol{\Theta})$ じゃなくて、合計前の個々の誤差 $E_k(\boldsymbol{\Theta})$ を使おうと思ってる。

$$E(\boldsymbol{\Theta}) = \frac{1}{2}\sum_{k=1}^{n}\left(y_k - f(\boldsymbol{x}_k)\right)^2$$
$$E_k(\boldsymbol{\Theta}) = \frac{1}{2}\left(y_k - f(\boldsymbol{x}_k)\right)^2 \tag{3-32}$$

つまり、個々の誤差 $E_k(\boldsymbol{\Theta})$ を $w_{11}^{(3)}$ で偏微分するということね。

$$\frac{\partial E_k(\boldsymbol{\Theta})}{\partial w_{11}^{(3)}}$$

(3-33)

え、そうなの？ 誤差の合計じゃなくていいんだ。じゃあ、最初から誤差の合計を求めなくても良かったんじゃ……。

いや、順番の問題だよ。先に誤差の和をとってそれ全体を偏微分するのと、先に個々の誤差を偏微分して最後に和をとることは、結局は同じだということ。

$$\frac{\partial}{\partial w_{11}^{(3)}}\left(\sum_{k=1}^{n} E_k(\boldsymbol{\Theta})\right) = \sum_{k=1}^{n}\left(\frac{\partial E_k(\boldsymbol{\Theta})}{\partial w_{11}^{(3)}}\right)$$

(3-34)

なるほど、総和と微分は入れ替えることができるんだね。

うん。偏微分の計算をする時に総和の記号がなくなる分、式が簡単になるし理解しやすくなるはずだよ。

簡単になるなら歓迎。

じゃあ、これから一緒に偏微分の計算をしていこう。

でもさ、$E_k(\boldsymbol{\Theta})$ を $w_{11}^{(3)}$ で偏微分するって言っても、式3-32の $E_k(\boldsymbol{\Theta})$ の中にはどこにも $w_{11}^{(3)}$ が出てきてないよね。これどうやって偏微分するの？

うん、直接的に偏微分するのは簡単じゃないから、偏微分を分割する戦略を取る。

偏微分を分割する……？

1つずつ確認しながらやっていこう。まずは$w_{11}^{(3)}$が目的関数$E_k(\boldsymbol{\Theta})$の中のどこに出現するのか探すよ。

うん。そうだよね。何はともあれ$w_{11}^{(3)}$が見つからないと微分しようがない。

k番目のデータ$\boldsymbol{x}_k$を考えた時に、ニューラルネットワークはこんな風に層から層へ値を受け渡しながら出力値を計算するってことは覚えてるよね。

$$\begin{aligned}
\boldsymbol{x}^{(0)} &= \boldsymbol{x}_k \quad \text{……入力層}\\
\boldsymbol{x}^{(1)} &= \boldsymbol{a}^{(1)}(\boldsymbol{W}^{(1)}\boldsymbol{x}^{(0)} + \boldsymbol{b}^{(1)}) \quad \text{……第1層}\\
\boldsymbol{x}^{(2)} &= \boldsymbol{a}^{(2)}(\boldsymbol{W}^{(2)}\boldsymbol{x}^{(1)} + \boldsymbol{b}^{(2)}) \quad \text{……第2層}\\
\boldsymbol{x}^{(3)} &= \boldsymbol{a}^{(3)}(\boldsymbol{W}^{(3)}\boldsymbol{x}^{(2)} + \boldsymbol{b}^{(3)}) \quad \text{……第3層}\\
f(\boldsymbol{x}_k) &= \boldsymbol{x}^{(3)} \quad \text{……出力値}
\end{aligned}$$

(3-35)

うん。もちろん覚えてるよ。

これを逆に出力値の方から考えてみるよ。ちょっと見ててね。

$$\begin{aligned}
f(\boldsymbol{x}_k) &= \boldsymbol{x}^{(3)} \quad \text{……出力値}\\
&= \boldsymbol{a}^{(3)}(\boldsymbol{W}^{(3)}\boldsymbol{x}^{(2)} + \boldsymbol{b}^{(3)}) \quad \text{……第3層}\\
&= \boldsymbol{a}^{(3)}\left(\begin{bmatrix} w_{11}^{(3)} & w_{12}^{(3)} \end{bmatrix}\begin{bmatrix} x_1^{(2)} \\ x_2^{(2)} \end{bmatrix} + \begin{bmatrix} b_1^{(3)} \end{bmatrix}\right) \quad \text{……式3-30を代入}\\
&= a^{(3)}(w_{11}^{(3)}x_1^{(2)} + w_{12}^{(3)}x_2^{(2)} + b_1^{(3)}) \quad \text{……重みとバイアスを展開}
\end{aligned}$$

(3-36)

式3-36の一番最後の行を見て。$w_{11}^{(3)}$があるよね。

活性化関数 $a^{(3)}$ のカッコの中に出てきてるね。

まず、その活性化関数のカッコ内の部分を $z_1^{(3)}$ と置くね。

$$z_1^{(3)} = w_{11}^{(3)} x_1^{(2)} + w_{12}^{(3)} x_2^{(2)} + b_1^{(3)} \tag{3-37}$$

えっ、突然 $z_1^{(3)}$ って何……？

偏微分を分割するための準備。$z_1^{(3)}$ は、活性化関数を通す前の第3層1個目のユニットへの入力、と考えるといいよ。**重み付き入力**と呼んでもいいかもね。

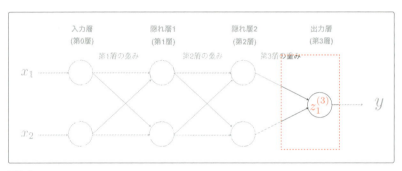
図3-9

$z_1^{(3)}$ を使うと、式3-32の誤差 $E_k(\boldsymbol{\Theta})$ は、こんな風に書き直せるのはわかるかな？

$$\begin{aligned} E_k(\boldsymbol{\Theta}) &= \frac{1}{2}(y_k - f(\boldsymbol{x}_k))^2 \\ &= \frac{1}{2}\left(y_k - a^{(3)}(z_1^{(3)})\right)^2 \end{aligned} \tag{3-38}$$

うん。式3-36と式3-37を組み合わせると $f(\boldsymbol{x}_k) = a^{(3)}(z_1^{(3)})$ と言えるから、置き換えたってことだよね？

そうだね。今私たちは $E_k(\boldsymbol{\Theta})$ を $w_{11}^{(3)}$ で偏微分したいわけだけど、ここで式3-37と式3-38を見るとこういうことがわかるよね？

$w_{11}^{(3)}$ が $z_1^{(3)}$ の中に含まれている

$z_1^{(3)}$ が $E_k(\boldsymbol{\Theta})$ の中に含まれている

こんな風に、何が何の中に含まれる、ということがそれぞれ分かっていると、こうやって微分を分割することができる。

$$\frac{\partial E_k(\boldsymbol{\Theta})}{\partial w_{11}^{(3)}} = \frac{\partial E_k(\boldsymbol{\Theta})}{\partial z_1^{(3)}} \cdot \frac{\partial z_1^{(3)}}{\partial w_{11}^{(3)}}$$
(3-39)

$E_k(\boldsymbol{\Theta})$ を $z_1^{(3)}$ で偏微分したものと、$z_1^{(3)}$ を $w_{11}^{(3)}$ で偏微分したものを、それぞれ計算して掛け合わせる？

そう。$E_k(\boldsymbol{\Theta})$ を $w_{11}^{(3)}$ で直接偏微分するよりも、この分割後の偏微分をひとつずつ計算していく方が楽だから分割したの。

なるほどなぁ……じゃあ、まずは $z_1^{(3)}$ を $w_{11}^{(3)}$ で偏微分する計算をやってみるね。

$$\begin{aligned}\frac{\partial z_1^{(3)}}{\partial w_{11}^{(3)}} &= \frac{\partial}{\partial w_{11}^{(3)}} \left(w_{11}^{(3)} x_1^{(2)} + w_{12}^{(3)} x_2^{(2)} + b_1^{(3)} \right) \\ &= x_1^{(2)}\end{aligned}$$
(3-40)

すごく単純な形になった。これ、あってる？

大丈夫。それであってるよ。

次は $E_k(\boldsymbol{\Theta})$ を $z_1^{(3)}$ で偏微分する部分ね。

うん、そうなんだけど、その部分は計算せずに、ここでは文字を使って置き換えておこう。

$$\delta_1^{(3)} = \frac{\partial E_k(\mathbf{\Theta})}{\partial z_1^{(3)}}$$

(3-41)

またなんか新しい文字がでてきた……。

デルタ、という文字だよ。$\delta_1^{(3)}$ それ自体が一体何なのかを言葉で表すのは難しいけど、第3層の1個目のユニットにおける出力値との小さな誤差、とでも考えていいよ。

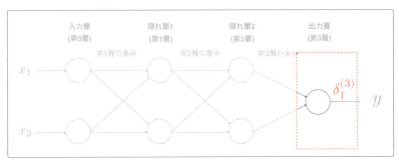

図3-10

δ は微小な変化量を表す時に使われることが多い文字でね。今回の文脈でもそういう意味で使ってる。

んー、なんかよくわからないけど、重み付き入力での偏微分に対して $\delta_1^{(3)}$ って名前をつけたって思っていいのかな。

そうだね、それで大丈夫だよ。で、分割後の偏微分の結果である式3-40と式3-41を使うと、結局 $E_k(\mathbf{\Theta})$ を $w_{11}^{(3)}$ で偏微分する式は、こう表せる。

$$\frac{\partial E_k(\mathbf{\Theta})}{\partial w_{11}^{(3)}} = \delta_1^{(3)} \cdot x_1^{(2)}$$

(3-42)

へー、簡単な式になった。

そして、いまは $w_{11}^{(3)}$ について考えていたけど、$w_{12}^{(3)}$ も同じように考えることができるよね。

$w_{12}^{(3)}$ はニューラルネットワークのこの部分の重みだよね。添え字が変わるだけで考え方は一緒ってことか。

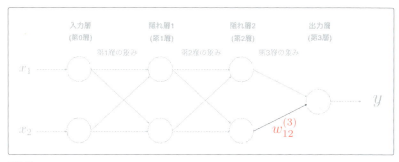

図3-11

そうすると、第3層の重み $w_{11}^{(3)}, w_{12}^{(3)}$ による偏微分はこう表せることがわかる。

$$\frac{\partial E_k(\boldsymbol{\Theta})}{\partial w_{11}^{(3)}} = \delta_1^{(3)} \cdot x_1^{(2)}$$

$$\frac{\partial E_k(\boldsymbol{\Theta})}{\partial w_{12}^{(3)}} = \delta_1^{(3)} \cdot x_2^{(2)}$$

(3-43)

なんだか規則性がありそうな式だ。

そうそう。同じやり方で $w_{ij}^{(l)}$ が $E_k(\boldsymbol{\Theta})$ のどこに出現するのかを探して微分を分割する戦略を取っていけば、実は $w_{ij}^{(l)}$ による偏微分は、こんな風に一般化することができる。

$$\frac{\partial E_k(\boldsymbol{\Theta})}{\partial w_{ij}^{(l)}} = \delta_i^{(l)} \cdot x_j^{(l-1)} \quad \left(\delta_i^{(l)} = \frac{\partial E_k(\boldsymbol{\Theta})}{\partial z_i^{(l)}} \right)$$

(3-44)

$\delta_i^{(l)}$ と $x_j^{(l-1)}$ だけの単純な式になるんだね。

$x_j^{(l-1)}$ は、順伝播の時に計算される値だから既に分かってるよね？ だから、あとは $\delta_i^{(l)}$ さえ計算できてしまえば、偏微分の結果も分かることになる。

重みそのもので偏微分するよりも、重み付き入力で偏微分するデルタを計算してしまう方が簡単なの？

そうだね。このデルタを求めるための計算方法がニューラルネットワーク学習のキモね。

じゃあ、これからはデルタをどうやって求めるかを考えていくってことね。

そういうこと。$z_i^{(l)}$ や $\delta_i^{(l)}$ という文字は、入力層以外の各ユニットに紐づく値でね。

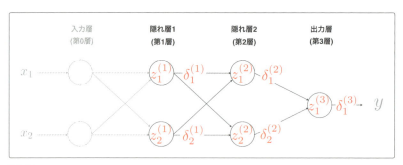

図3-12

これらの値をうまく使うことで、各重みによる偏微分を簡単に計算することができるの。

へぇ、うまく使うってどういうことだろう。全然想像できないんだけど……。

これからデルタの計算方法を一緒に考えていくよ。

んー、でもちょっとまって……。なんだか話の流れがどんどんそれていってるような気がしてて。頭の中を整理したい。

確かに。本質を見失わないためにも本来の目的とこれから進んでいく道をここで再確認しておいた方がいいね。

うん。始まりはニューラルネットワークの学習方法という話だったよね。

これまでの道筋をまとめるとしたら、こんな風になるかな。

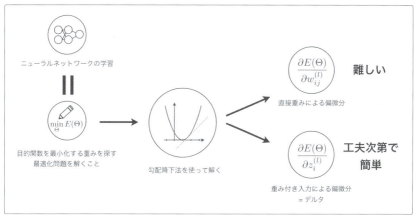

図3-13

おおっ、こんな風に整理されてるとわかりやすい。

最適化問題を勾配降下法で解くために重みによる偏微分が必要だけど、式3-44において、重み $w_{ij}^{(l)}$ での偏微分を直接計算するよりも、重み付き入力 $z_i^{(l)}$ での偏微分を計算する方が簡単だということ。

$z_i^{(l)}$での偏微分を求めれば、間接的に$w_{ij}^{(l)}$での偏微分が求まるってことね？

その通り！

これなら次の話に進めそう。どうやってデルタを求めていくのかを考えていくんだね。

そう。コンセプトは「デルタの再利用」。

Section 7 デルタの計算

Section 7 Step 1 出力層のデルタ

デルタの計算は大まかに「出力層」と「隠れ層」の2種類に分けられるの。まずは出力層のデルタから考えていきましょう。

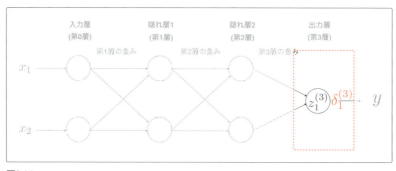

図3-14

$$\delta_1^{(3)} = \frac{\partial E_k(\boldsymbol{\Theta})}{\partial z_1^{(3)}}$$

（3-45）

これはどうやって解けばいいの？

式3-38を思い出してみて。$E_k(\boldsymbol{\Theta})$の式を、適当なvという文字を使ってこんな風に表してみるね。

$$v = y_k - a^{(3)}(z_1^{(3)})$$

$$E_k(\boldsymbol{\Theta}) = \frac{1}{2}v^2$$

（3-46）

この式3-46を見ると

$z_1^{(3)}$ が　v　の中に含まれている

v　が　$E_k(\boldsymbol{\Theta})$ の中に含まれている

ということがわかるから、こんな風に分割することができる。

$$\frac{\partial E_k(\boldsymbol{\Theta})}{\partial z_1^{(3)}} = \frac{\partial E_k(\boldsymbol{\Theta})}{\partial v} \cdot \frac{\partial v}{\partial z_1^{(3)}}$$

（3-47）

それで、分割後のそれぞれの偏微分を計算していけばいいんだね。

まず、$E_k(\boldsymbol{\Theta})$をvで微分する部分。

$$\begin{aligned}\frac{\partial E_k(\boldsymbol{\Theta})}{\partial v} &= \frac{\partial}{\partial v}\left(\frac{1}{2}v^2\right) \quad \text{……式3-46を代入} \\ &= v\end{aligned}$$

（3-48）

すごく簡単になった……。

$\frac{1}{2}$が約分されて結果的にvだけになったでしょ？　これが式3-17で$\frac{1}{2}$を掛けていた理由だよ。

ここにつながってくるのかー。

次に、v を $z_1^{(3)}$ で微分する部分。

$$\frac{\partial v}{\partial z_1^{(3)}} = \frac{\partial}{\partial z_1^{(3)}}\left(y_k \quad a^{(3)}(z_1^{(3)})\right) \quad \cdots\cdots 式3\text{-}46を代入$$
$$= -a'^{(3)}(z_1^{(3)}) \qquad (3\text{-}49)$$

$a'^{(3)}(z_1^{(3)})$ って何？

微分のもう1つの書き方だよ。$g(x)$ を x で微分する時は $\frac{dg(x)}{dx}$ と書くけど、$g'(x)$ と書いても同じこと。

あー、思い出した。そういえば微分って書き方が2つあったね。こっちはプライムって言うんだっけ。

そうだね。だから $\frac{\partial a^{(3)}(z_1^{(3)})}{\partial z_1^{(3)}}$ と $a'^{(3)}(z_1^{(3)})$ は同じもの。今回は表記を簡単にしたかったからこの書き方を使ってるの。

そういうことね……。

ということで、式3-45から式3-49までを合わせると、結局 $\delta_1^{(3)}$ はこうなるよね。

$$\begin{aligned}
\delta_1^{(3)} &= \frac{\partial E_k(\boldsymbol{\Theta})}{\partial z_1^{(3)}} \\
&= \frac{\partial E_k(\boldsymbol{\Theta})}{\partial v} \cdot \frac{\partial v}{\partial z_1^{(3)}} \\
&= v \cdot -a'^{(3)}(z_1^{(3)}) \\
&= \left(y_k - a^{(3)}(z_1^{(3)})\right) \cdot -a'^{(3)}(z_1^{(3)}) \\
&= \left(a^{(3)}(z_1^{(3)}) - y_k\right) \cdot a'^{(3)}(z_1^{(3)})
\end{aligned}$$
$$(3\text{-}50)$$

じゃあ、今度は $a'^{(3)}(z_1^{(3)})$ を計算しないといけないね。

うん、でも $a'^{(3)}(z_1^{(3)})$ って合成関数の微分じゃないでしょ？ 最初に言ったように単体の関数であれば計算はそんなに難しくないの。

あ、そういえばそんなこと言ってたね。

たとえば $a^{(3)}$ がシグモイド関数であれば、その微分はこうなることが分かっている。

$$a'^{(3)}(z_1^{(3)}) = (1 - a^{(3)}(z_1^{(3)})) \cdot a^{(3)}(z_1^{(3)}) \tag{3-51}$$

それに活性化関数として使われる関数は本当に何でも良いわけじゃなくて、ある程度決まったものがあるからね。どの活性化関数も微分の結果は分かってる前提で良いよ。

そっか、私もちょっと思ったんだけど、活性化関数の形によって微分後の形も変わることになるし、ここでは具体的な関数の形に言及しない方がいいのかもね。

その通り。だからここでは $a'^{(3)}(z_1^{(3)})$ はそのままで、次に進みましょう。

Section 7 Step 2 | 隠れ層のデルタ

隠れ層のデルタについて考えていきましょう。

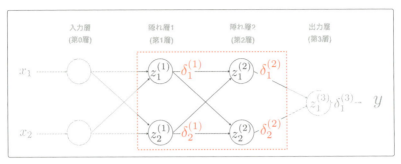

図3-15

いま考えているニューラルネットワークだと、この4つのデルタを計算しないといけないんだよね。

$$\delta_1^{(2)} = \frac{\partial E_k(\boldsymbol{\Theta})}{\partial z_1^{(2)}}, \quad \delta_2^{(2)} = \frac{\partial E_k(\boldsymbol{\Theta})}{\partial z_2^{(2)}} \quad \cdots\cdots 第2層のデルタ$$

$$\delta_1^{(1)} = \frac{\partial E_k(\boldsymbol{\Theta})}{\partial z_1^{(1)}}, \quad \delta_2^{(1)} = \frac{\partial E_k(\boldsymbol{\Theta})}{\partial z_2^{(1)}} \quad \cdots\cdots 第1層のデルタ$$

(3-52)

このデルタの求め方として、ユニットから出ている矢印を見て偏微分を分割していくことを考えてみるの。

矢印を見て、偏微分を分割する?

まずは第2層の1つ目のデルタ $\delta_1^{(2)}$ から例に説明してみるね。ここでは $z_1^{(2)} \to z_1^{(3)}$ という矢印が出てるよね。

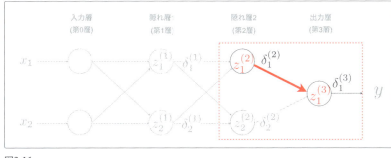

図3-16

これは言い換えると、こんな風に言うことができるの。とすると、微分を分割できそうじゃない？

$z_1^{(2)}$ が $z_1^{(3)}$ の中に含まれている

$z_1^{(3)}$ が $E_k(\Theta)$ の中に含まれている

なるほど。この流れは、これまでも微分を分割する時に出てきてたよね。

$$\frac{\partial E_k(\Theta)}{\partial z_1^{(2)}} = \frac{\partial E_k(\Theta)}{\partial z_1^{(3)}} \cdot \frac{\partial z_1^{(3)}}{\partial z_1^{(2)}} \quad (3\text{-}53)$$

そう、そんな風に分割することができる。すると、第2層の2つ目のデルタ $\delta_2^{(2)}$ も同様に考えて分割ができるよね。

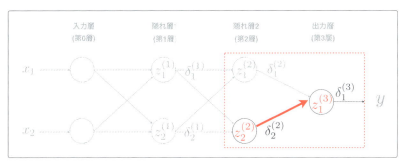

図3-17

こんな風に分割できるってことだよね。式3-53の$z_1^{(2)}$が$z_2^{(2)}$に変わっただけだ。

$$\frac{\partial E_k(\Theta)}{\partial z_2^{(2)}} = \frac{\partial E_k(\Theta)}{\partial z_1^{(3)}} \cdot \frac{\partial z_1^{(3)}}{\partial z_2^{(2)}}$$

(3-54)

いいね。

じゃあ、次もこれまでと同じように、分割後の偏微分を1つずつ計算していけばいいんだよね。

うん。でもその前に、第1層のデルタについても矢印をたどってみよう。

え、先にそっち？

第1層の1つ目のデルタ$\delta_1^{(1)}$の場合は、$z_1^{(1)} \rightarrow z_1^{(2)}$と$z_1^{(1)} \rightarrow z_2^{(2)}$という2つの矢印があるよね。

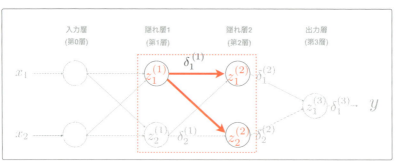

図3-18

うん、第1層の場合は矢印が2つあるね。

これをさっきと同じように言い換えてみましょう。

$z_1^{(1)}$ が $z_1^{(2)}$ と $z_2^{(2)}$ の中に含まれている

$z_1^{(2)}$ と $z_2^{(2)}$ が $E_k(\Theta)$ の中に含まれている

ん……？ $z_1^{(2)}$ と $z_2^{(2)}$ って、矢印をたどると $z_1^{(3)}$ に含まれている、と言うんじゃないの？

うん、そうだけど、その $z_1^{(3)}$ が $E_k(\mathbf{\Theta})$ に含まれるんだから、結局は $z_1^{(2)}$ と $z_2^{(2)}$ も $E_k(\mathbf{\Theta})$ に含まれてると言えるよ。

あっ、そっか。

この形にすると、さっきみたいに微分を分割することができるよね。

でも図3-18みたいに含まれている先が複数ある場合ってどうなるの？ さっきは矢印は1つだけだったし。

矢印が複数ある場合、それぞれの矢印を元に微分を分割して、最後にその分割したもの同士を足してあげればいいよ。

矢印ごとに分割してそれぞれを足す……こういうこと？

$$\frac{\partial E_k(\mathbf{\Theta})}{\partial z_1^{(1)}} = \frac{\partial E_k(\mathbf{\Theta})}{\partial z_1^{(2)}} \cdot \frac{\partial z_1^{(2)}}{\partial z_1^{(1)}} + \frac{\partial E_k(\mathbf{\Theta})}{\partial z_2^{(2)}} \cdot \frac{\partial z_2^{(2)}}{\partial z_1^{(1)}} \tag{3-55}$$

そう！ それでいいよ。総和の記号を使ってまとめておこうね。

$$\frac{\partial E_k(\mathbf{\Theta})}{\partial z_1^{(1)}} = \sum_{r=1}^{2} \left(\frac{\partial E_k(\mathbf{\Theta})}{\partial z_r^{(2)}} \cdot \frac{\partial z_r^{(2)}}{\partial z_1^{(1)}} \right) \tag{3-56}$$

シグマの上の数字は、矢印が出てる数ってことかな。

うん。ただ、全結合ニューラルネットワークはユニット同士がすべてつながってるから、実質的に次の層に含まれるユニット数と言えるね。

そっか。求めたいデルタの次の層のユニット数ね。

ここまで来ると第1層2つ目のデルタ $\delta_2^{(1)}$ も同じように考えれるよね。

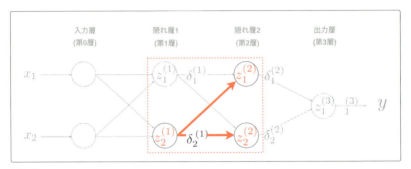

図3-19

式3-56の $z_1^{(1)}$ が $z_2^{(1)}$ に変わるだけ、ってことだよね。

$$\frac{\partial E_k(\boldsymbol{\Theta})}{\partial z_2^{(1)}} = \sum_{r=1}^{2}\left(\frac{\partial E_k(\boldsymbol{\Theta})}{\partial z_r^{(2)}} \cdot \frac{\partial z_r^{(2)}}{\partial z_2^{(1)}}\right) \quad (3\text{-}57)$$

そういうこと。これで各層各ユニットのデルタが出揃ったことになるね。わかりやすいように矢印が1個しかない場合でも総和の記号を使って表してみた。

$$\frac{\partial E_k(\boldsymbol{\Theta})}{\partial z_1^{(2)}} = \sum_{r=1}^{1}\left(\frac{\partial E_k(\boldsymbol{\Theta})}{\partial z_r^{(3)}} \cdot \frac{\partial z_r^{(3)}}{\partial z_1^{(2)}}\right) \quad \cdots\cdots\text{第2層1つ目のデルタ}$$

$$\frac{\partial E_k(\boldsymbol{\Theta})}{\partial z_2^{(2)}} = \sum_{r=1}^{1}\left(\frac{\partial E_k(\boldsymbol{\Theta})}{\partial z_r^{(3)}} \cdot \frac{\partial z_r^{(3)}}{\partial z_2^{(2)}}\right) \quad \cdots\cdots\text{第2層2つ目のデルタ}$$

$$\frac{\partial E_k(\boldsymbol{\Theta})}{\partial z_1^{(1)}} = \sum_{r=1}^{2}\left(\frac{\partial E_k(\boldsymbol{\Theta})}{\partial z_r^{(2)}} \cdot \frac{\partial z_r^{(2)}}{\partial z_1^{(1)}}\right) \quad \cdots\cdots\text{第1層1つ目のデルタ}$$

$$\frac{\partial E_k(\boldsymbol{\Theta})}{\partial z_2^{(1)}} = \sum_{r=1}^{2}\left(\frac{\partial E_k(\boldsymbol{\Theta})}{\partial z_r^{(2)}} \cdot \frac{\partial z_r^{(2)}}{\partial z_2^{(1)}}\right) \quad \cdots\cdots\text{第1層2つ目のデルタ}$$

$(3\text{-}58)$

これもまた規則性がありそうな式だね。

でしょ。実は規則性があって文字を使ってまとめることができるから、わざと全部同じ形式でそろえてみたの。

なるほど。ちょっと考えさせて……えっと、ここで変数になってるのはユニットの番号、層、次の層の中のユニット数の3つだから、それぞれ $i, l, m^{(l+1)}$ と置くと……これでどうだ！

$$\frac{\partial E_k(\boldsymbol{\Theta})}{\partial z_i^{(l)}} = \sum_{r=1}^{m^{(l+1)}} \left(\frac{\partial E_k(\boldsymbol{\Theta})}{\partial z_r^{(l+1)}} \cdot \frac{\partial z_r^{(l+1)}}{\partial z_i^{(l)}} \right)$$
(3-59)

そう！ それでいいよ。ここまでくればもう大詰めね。分割後の偏微分をそれぞれ計算するだけ。まずは右側の方から考えてみよう。

$$\frac{\partial z_r^{(l+1)}}{\partial z_i^{(l)}}$$
(3-60)

そもそも z って何だったか覚えてる？

活性化関数に通す前の重み付き入力、って話だったよね。

そう。式3-37を思い出して欲しいんだけど、それを元に考えると $z_r^{(l+1)}$ ってこういう形をしているよね。

$$\begin{aligned} & z_r^{(l+1)} \\ &= w_{r1}^{(l+1)} x_1^{(l)} + \cdots + w_{ri}^{(l+1)} x_i^{(l)} + \cdots \\ &= w_{r1}^{(l+1)} a^{(l)}(z_1^{(l)}) + \cdots + w_{ri}^{(l+1)} a^{(l)}(z_i^{(l)}) + \cdots \end{aligned}$$
(3-61)

この $z_r^{(l+1)}$ を $z_i^{(l)}$ で偏微分するわけだから、$z_i^{(l)}$ が含まれない項は微分の操作によって消えてしまうことになる。

要するに $z_i^{(l)}$ が含まれている項だけ微分してあげればいいってこと？

$$\frac{\partial z_r^{(l+1)}}{\partial z_i^{(l)}} = w_{ri}^{(l+1)} a'^{(l)}(z_i^{(l)})$$
(3-62)

そういうこと。$a'^{(l)}(z_i^{(l)})$ はさっきも言ったように、活性化関数によって微分後の形が変わるから具体的な形は求めない。

じゃあ、あとはこっちの計算さえしてしまえばいいのね。

$$\frac{\partial E_k(\boldsymbol{\Theta})}{\partial z_r^{(l+1)}}$$
(3-63)

それ、実はこれまでに何回も出てきたんだけど、気付いたかな。

えっ、そうだっけ……。

目的関数 $E_k(\boldsymbol{\Theta})$ を重み付き入力で偏微分する、それってまさにデルタのことだよね。

そ、そうか……！ ということは、式3-63は $l+1$ 層目のデルタのことなのね。

$$\frac{\partial E_k(\boldsymbol{\Theta})}{\partial z_r^{(l+1)}} = \delta_r^{(l+1)}$$
(3-64)

あ、あれ……でも今って、隠れ層のデルタを求める計算をしてきたんだよね。なのにそのデルタの計算にまたデルタを使う、って……？ なんか混乱してきた。

式3-59、式3-62、式3-64をまとめると、結局、隠れ層のデルタはこんな風に表すことができるの。

$$\delta_i^{(l)} = \sum_{r=1}^{m^{(l+1)}} \left(\delta_r^{(l+1)} \cdot w_{ri}^{(l+1)} a'^{(l)}(z_i^{(l)}) \right)$$

（3-65）

アヤノの言う通り、デルタの計算にはデルタを使うことができる。でも、それは別の層のデルタ。

あっ、そうか、l層のデルタと$l+1$層のデルタって別物なんだよね！

Section 8 バックプロパゲーション

そろそろまとめにはいりましょう。

式3-50と式3-65から、出力層と隠れ層のデルタはそれぞれこんな風に表すことができるよね。Lはニューラルネットワークの層の数を表す文字ね。

$$\delta_i^{(L)} = \left(a^{(L)}(z_i^{(L)}) - y_k \right) \cdot a'^{(L)}(z_i^{(L)}) \quad \text{……出力層のデルタ}$$

$$\delta_i^{(l)} = \sum_{r=1}^{m^{(l+1)}} \left(\delta_r^{(l+1)} \cdot w_{ri}^{(l+1)} a'^{(l)}(z_i^{(l)}) \right) \quad \text{……隠れ層のデルタ}$$

（3-66）

式3-66の隠れ層のデルタの計算で、層を表す添え字の部分に注目して欲しいんだけど、第l層のデルタを求めるために、その次の第$l+1$層のデルタが使われているよね。

$\delta_i^{(l)}$と$\delta_r^{(l+1)}$の部分だね。

つまり後ろの層から順番にデルタを計算していくと、既に計算されたデルタを再利用できるということ。

- まず第3層（出力層）のデルタを求める
- 第2層のデルタを求める場合、ひとつ後ろの第3層のデルタを再利用できる
- 第1層のデルタを求める場合、ひとつ後ろの第2層のデルタを再利用できる

なるほど……！　これが最初にミオが言っていた「デルタの再利用」というコンセプトね。

$E(\boldsymbol{\Theta})$の$w_{ij}^{(l)}$での偏微分を間接的に求めるためにデルタを計算する、そしてそのデルタは後ろの層からデルタを再利用しながら計算できる、ということね。

最初に「層が増えても大丈夫」みたいなこと言ってたけど、層が10個あったり、ユニットが100個あったり、そういう大きなニューラルネットワークでも大丈夫なの？

そうだね。層が深いと別の問題はあるんだけど、この後ろからデルタを求める計算方法はどんなにニューラルネットワークが大きくなっても変わらず適用することができる。

へぇ、考えた人は頭いいんだねぇ。

歴史を作ってきた先人たちには感謝しなきゃね。

あれ、ちょっとまって。デルタを求めて終わりじゃないよね。最終的にはニューラルネットワークの学習方法を知りたいんだよね。

道のりが長くていろんな計算が続いたし、私たちが何を目的にどこに向かって進んできたのか、最後にもう一度まとめよう。

さっきミオが書いてくれた全体図、図3-13の出番だね。

ニューラルネットワークの学習のために勾配降下法を使って重みを更新したい。これが本来の目的だね。

うん。この更新式を使って重みを更新するために、目的関数 $E_k(\mathbf{\Theta})$ を重みで偏微分した値を計算したいんだよね。

$$w_{ij}^{(l)} := w_{ij}^{(l)} - \eta \frac{\partial E_k(\mathbf{\Theta})}{\partial w_{ij}^{(l)}} \quad \cdots\cdots 式3\text{-}28 より \tag{3-67}$$

ただ、重みで直接的に偏微分するのは大変だから、式3-44で話したように、デルタを使って間接的に偏微分を計算できるように式を変形した。

$$\frac{\partial E_k(\mathbf{\Theta})}{\partial w_{ij}^{(l)}} = \delta_i^{(l)} \cdot x_j^{(l-1)} \quad \cdots\cdots 式3\text{-}44 より \tag{3-68}$$

うん。そしてそのデルタを求めるための方法が、まさに今やってきた、後ろの層からデルタを再利用していくやり方、だよね。

すべてをまとめると、更新式はこんな風に書くことができる。

$$\delta_i^{(L)} = \left(a^{(L)}(z_i^{(L)}) - y_k\right) a'^{(L)}(z_i^{(L)}) \quad \cdots\cdots 出力層のデルタ$$

$$\delta_i^{(l)} = a'^{(l)}(z_i^{(l)}) \sum_{r=1}^{m^{(l+1)}} \delta_r^{(l+1)} w_{ri}^{(l+1)} \quad \cdots\cdots 隠れ層のデルタ \\ (式3\text{-}66より変形)$$

$$w_{ij}^{(l)} := w_{ij}^{(l)} - \eta \cdot \delta_i^{(l)} \cdot x_j^{(l-1)} \quad \cdots\cdots 重みの更新式$$

$$b_i^{(l)} := b_i^{(l)} - \eta \cdot \delta_i^{(l)} \quad \cdots\cdots バイアスの更新式 \tag{3-69}$$

ちなみに、これまでバイアスの話をしてこなかったけど、バイアスも重みとまったく同じように考えることができるよ。これまでの話の重みの部分をバイアスに置き換えるだけで大丈夫。

これでニューラルネットワークの重みとバイアスを学習することができるわけね！

これまで見てきたような、デルタを後ろの層から計算しながら重みとバイアスを更新する方法は**バックプロパゲーション**や**誤差逆伝播法**と呼ばれていて、すごく重要な手法だから必ず覚えていてね。

これがあの有名な誤差逆伝播法か！

デルタを1つのユニットに対する小さな誤差と考えると、その誤差が出力層から入力層に向かって逆向きに伝播していく様子からこの名前がついてるの。

確かに、出力層からデルタを計算していってたもんね。

誤差が後ろの層から前の層に流れていくような動作は、フォワードや順伝播と対比して**バックワード**や**逆伝播**と呼ばれるよ。

へぇー、順伝播と逆伝播か。わかりやすくていいね。

今日はちょっと計算が多くて大変だったね。ちゃんと理解できてるといいけど。

あやふやな部分もいくつか残ってるから、帰ってから復習するよ。

ホント、勉強熱心だねぇ。

ミオ、いつもありがとう！

COLUMN

勾配消失って一体なに？

ねぇねぇ、この前さ、活性化関数にどんな関数を使えばいいのかって話したの覚えてる？

うん、覚えてるよ。活性化関数がないといくら層を重ねても単層パーセプトロンと同じになるから、非線形の関数を使うべきって話だよね。

そうそう。ただ、僕は非線形の関数ならなんでもいいのかなって考えてたんだけど、どうもそうでもなさそうなんだよね。

活性化関数として使われるものってある程度決まってるんでしょ？ シグモイド関数とか。

うん。でも、なんで非線形関数の中でもシグモイド関数が良く使われるんだろう、っていうのが気にならない？

考えたことなかったけど、言われてみればそれは気になるな〜。

今日、大学で教授と話してたんだけど、いろいろおもしろいこと教えてもらってさ。アヤ姉にも話したくって。

なにそれ。聞きたいな！

勾配の存在

パーセプトロンを思い出して欲しいんだけど、入力と重みとバイアスを計算したあと、その結果の符号を見て0か1かを出力する関数に通すよね。

COLUMN

うん。そういう0か1を出力するやつ、ステップ関数っていうんだよね？

$$f_{step}(x) = \begin{cases} 0 & (x \leq 0) \\ 1 & (x > 0) \end{cases}$$

(3-c-1)

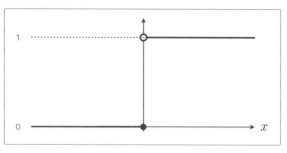

図3-c-1

そうそう。でさ、パーセプトロンがこのステップ関数を使ってるなら、パーセプトロンを重ねたニューラルネットワークも同じようにステップ関数を使えないのかな？って思ったのが最初の疑問。ステップ関数も非線形だし。

あ、それなら私、この前ステップ関数を使ったニューラルネットワークで線形分離不可能な問題を解けたよ[※]。

たぶん順伝播の計算ができただけじゃない？ ステップ関数を使っても順伝播はできるんだけど、問題は逆伝播ができない、つまり学習ができなくなるんだよ。

学習ができない……。そういえばミオもステップ関数は活性化関数としては使わないとかなんとか言ってたなぁ。確かに、私がステップ関数を使って計算した時は、正解の重みを知った上で順伝播の計算をしただけだった。

だよね。で、教授に聞いてみたら、活性化関数は非線形であること以外にも、微分可能で勾配がある程度ある関数であることが求められるみたい。

※ Chapter 2 Section 5 および 10 を参照してください。

勾配って関数がどれくらい傾いてるかってこと？ ステップ関数には勾配がないってことか。

実際、ステップ関数って0または1の定数なんだから、微分は常に0になるよね。あ、厳密には $x = 0$ の位置では微分できないけど、実用的には微分は0って考えて良いと思ってる。

$$\frac{df_{step}(x)}{dx} = 0$$
(3-c-2)

確かに、図3-c-1のステップ関数のグラフには傾きがなくてずっと平坦だね。

その時に問題になるのがパラメータの更新。ニューラルネットワークの学習って勾配降下法を使うから、目的関数を重みで偏微分するよね。

$$w_{ij} := w_{ij} - \eta \frac{\partial E(\boldsymbol{\Theta})}{\partial w_{ij}}$$
(3-c-3)

そして、その偏微分は誤差逆伝播法のデルタを使って求めるけど、どの層のデルタにも活性化関数の微分が含まれている。

$$\frac{\partial E(\boldsymbol{\Theta})}{\partial w_{ij}} = \delta_i^{(l)} \cdot x_j^{(l-1)}$$

$$\delta_i^{(L)} = \left(a^{(L)}(z_i^{(L)}) - y_k\right) a'^{(L)}(z_i^{(L)}) \quad \text{……出力層のデルタ}$$

$$\delta_i^{(l)} = a'^{(l)}(z_i^{(l)}) \sum_{r=1}^{m^{(l+1)}} \delta_r^{(l+1)} w_{ri}^{(l+1)} \quad \text{……隠れ層のデルタ}$$
(3-c-4)

活性化関数にステップ関数を使った場合、この式の $a'^{(L)}(z_i^{(L)})$ や $a'^{(l)}(z_i^{(l)})$ の部分がステップ関数の微分ということになって、ここは0になってしまう。

COLUMN

そっか！ そこの微分が0だとデルタも0になって、結果的にパラメータによる偏微分も0になって、結局はパラメータの更新がされなくなっちゃうのか。

そうなんだよ！ まったく学習ができなくなる。だから、ここでシグモイド関数が出てくるんだね。この関数、値が0から1の範囲に収まっていてステップ関数と似てるよね。

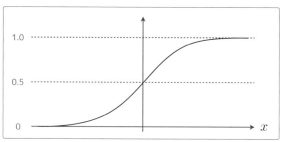

図3-c-2

なるほど。似てるけど、でも大きく違うのは、シグモイド関数の方は全体的に滑らかで勾配があるところね。

そう、実際にシグモイド関数の微分は0じゃないし、活性化関数にシグモイド関数を使えば結果的にデルタも偏微分も0にならずに学習が進む。

滑らかで勾配があることが重要だったのか〜。確かに、勾配降下法っていう名前が付いてるくらいだから、勾配が無いとダメなのは考えれば当然のことだったね……。

でもね、ここからがまた面白いんだけど。シグモイド関数でもまだ問題はあるって。

へー。でも活性化関数としては有名らしいし、どんな問題かわかんないけど、許容できるくらいの問題なんじゃない？

それがね、この問題はニューラルネットワークに2度目の冬の時代をもたらした1つの要因かもしれないって言われるくらい大変な問題だったらしいよ。

勾配の消失

前に歴史の話をした時にも言ったけど、それは勾配消失という問題。

そういえば言ってたね。勾配消失か……。勾配が消えてなくなる?

シグモイド関数って x が0に近いところだと勾配があるけど、x が大きかったり小さかったりすると、どんどん勾配が小さくなっていくんだ。

あー、そう言われれば……。要するに図3-c-2のずっと左の方や、ずっと右の方は結局はステップ関数と同じように平坦になってるってことだよね?

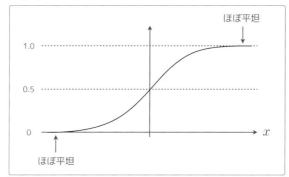

図3-c-3

で、そうすると微分の値も0に近くなって、ステップ関数の場合と同じようにニューラルネットワークの学習が進まなくなってしまう。

そう、それが勾配消失という問題。深いニューラルネットワークの学習で誤差を逆伝播させようとした時、実際にこの問題が起こる。

そうなんだ……。というか、そんな問題があるんだったら、シグモイド関数って実はあんまり使われてないの?

COLUMN

んー、シグモイド関数は滑らかだし微分も簡単だから、他のところで工夫しながら使われてはいたみたいだけど。

活性化関数として有名だからって、それが万能というわけじゃなかったのね。

最近はシグモイド関数よりもっと良い活性化関数があるんだって。勾配が無くならないように工夫された関数。

えっ、そんなのがあるんだ。なんていう関数？

名前だけ教えてもらったんだけど、ReLUっていう関数らしい。詳しいことは聞いてなくて、宿題にされた。調べてこい、だって。

ReLUか……。聞いたことない名前だね。覚えてたら、今度詳しい友だちに聞いてみるよ。

ありがとう。僕は僕で調べてみる。

Chapter 4

畳み込み
ニューラルネットワークを
学ぼう

アヤノはいよいよ、
「畳み込みニューラルネットワーク」に
挑戦するようです。
添え字が多い数式がたくさん登場するので
読みにくいかもしれませんが、
何を示しているか確認できれば怖くありません。
表4-2を見なおしながら読んでみてください。

Section 1　画像処理に強い畳み込みニューラルネットワーク

今日は畳み込みニューラルネットワークやってみる？

さすがミオ。ちょうど私が勉強してみたいと思っていたものを当ててくるなんて。

そうかな〜、とは思ってたけど、やっぱりね。

畳み込みニューラルネットワークは画像に適用される例が多いんだよね？

うん。最近のコンピュータービジョンの成功の裏には、畳み込みニューラルネットワークの存在が欠かせないくらいだね。

そうだよねー。しかも画像に対する処理って、見た目に分かりやすくて華やかだから面白そう、って思うんだよね。

うんうん。私も学生時代はコンピュータービジョンの研究をしてたから、その面白さは分かるよ。

私、昔からファッションサイトを運営してるんだけどさ、画像だけは溜まってるからそれを使って何かやってみたいってずっと思ってるんだよね。

綺麗なデータがそろっていて、何かアイデアがあれば面白いことができそうだね！

こういうこと考えるとワクワクするなー。

でもね、畳み込みニューラルネットワークは画像処理で大きな成果を上げたから、そこだけに注目されがちだけど、最近だと実は自然言語処理にも応用されるようになってきてるんだよ。

えっ、ホントに？　自然言語と画像ってそもそも全然違うものじゃん。自然言語処理に応用されるって、まったく想像がつかないんだけど……。

もし気になるなら後で調べてみると良いよ。どうやって応用するのか、どういう成果が出てるのか、結構面白いと思う。

まあ調べるにしても、まずは畳み込みニューラルネットワークがどういうものなのか、理解しないとな。

そうだね。畳み込みニューラルネットワークの基本から入っていこう。

よーし、じゃあドーナツ買ってこよ！

あっ、私のも……。

Section 2 畳み込みフィルタ

はい、これミオの分。

ありがと！

畳み込みニューラルネットワークはコンピュータービジョンの成功には欠かせないって話をしたけど、具体的にそれを使ってどんなことができるか想像つく？

写ってるものの判別とかだよね？ 画像に写っているものが犬なのか猫なのか兎なのか、教えてくれるようなもの。

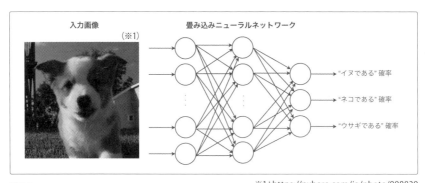

図4-1　　　　　　　　　　　　　　※1：https://pxhere.com/ja/photo/898839

そう、もっとも一般的なのは「分類」のタスクだね。

あっ、そうそう。分類か。

もちろん他にもできることはあるんだけど、まずは分類を念頭に置いて話を進めていくね。

そもそも「畳み込み」って何なんだろう?

当然の疑問だよね。でも、畳み込みについて踏み込む前に画像のフィルタ処理の考え方について理解した方がいいね。

フィルタ処理って?

たとえば画像をぼかしたり、画像の輪郭を調べるエッジ検出をしたり、そういう処理のことね。

それが畳み込みニューラルネットワークに関係してくるの?

うん。画像に対してフィルタを適用する時、実際にどんな風に処理がされるか知ってる?

うーん、わからない。画像処理に関する専門の知識が必要そうだけど……。

そんなことないよ。じゃあ、簡単な例で説明するけど、まず画像データって、行列のように縦と横に数値が並んでるものとして扱うことができるよね。

0.00	0.00	0.00	0.00	0.00	0.00	0.00
0.00	0.00	0.00	0.50	0.00	0.00	0.00
0.00	0.00	0.50	1.00	0.50	0.00	0.00
0.00	0.50	1.00	1.00	1.00	0.50	0.00
0.00	0.00	0.50	1.00	0.50	0.00	0.00
0.00	0.00	0.00	0.50	0.00	0.00	0.00
0.00	0.00	0.00	0.00	0.00	0.00	0.00

図4-2

この画像に含まれている数値は0〜1の間の実数で、これをグレースケールの画像と考えて、1に近いほど黒、0に近いほど白、と解釈する。0.5はグレーという感じね。

なるほど。グレースケール画像ということは、その数値を元に実際に画像として表すとこんな形になるのかな？

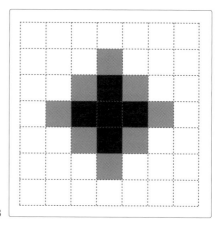

図4-3

そうだね。この画像に対して、あるフィルタを適用したい時にどうするかというと、別途フィルタ用の配列を用意してあげるの。たとえばこんな風にね。

画像の配列								フィルタの配列		
0.00	0.00	0.00	0.00	0.00	0.00	0.00		0.11	0.11	0.11
0.00	0.00	0.00	0.50	0.00	0.00	0.00		0.11	0.11	0.11
0.00	0.00	0.50	1.00	0.50	0.00	0.00		0.11	0.11	0.11
0.00	0.50	1.00	1.00	1.00	0.50	0.00				
0.00	0.00	0.50	1.00	0.50	0.00	0.00				
0.00	0.00	0.00	0.50	0.00	0.00	0.00				
0.00	0.00	0.00	0.00	0.00	0.00	0.00				

図4-4

このフィルタの配列、**カーネル**と呼ばれることもあるんだけど、私はフィルタという呼び方で話を進めるね。

フィルタの配列……？　なにそれ。

画像にフィルタを適用するということはつまり、こういう操作を繰り返すってことなの。

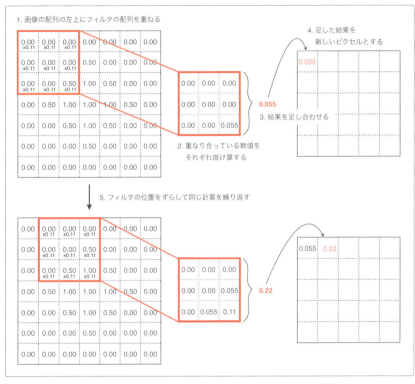

図4-5

 なるほどー、重ねて掛け算して、新しい画像を作っていく感じなんだね。

 このフィルタが画像の右下に到達するまで図4-5の操作を繰り返すんだよ。

 でも、結局この操作をして何になるの？

最終的に右下までフィルタを適用した画像と、オリジナル画像とを並べてみよう。

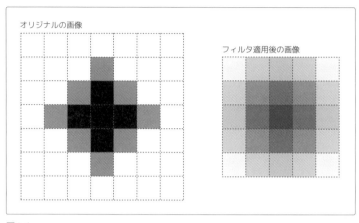

図4-6

フィルタが3×3だったから、フィルタ適用後の画像が一回り小さくなってるけど、オリジナルの画像をぼかしたようになってるよね。

ほんとだ。インクがジワぁっと広がってるような感じだね。

実は図4-4のフィルタは、周辺のピクセルの平均値を取って画像をぼかしてくれるフィルタなの。

へぇ〜！ 画像処理ソフトで「ぼかし」っていう処理があるけど、もしかしてこういうフィルタ処理を中でやってるのかな？

たぶんそうだよ。ちなみに0.11という数値は$\frac{1}{9}$を小数で表して途中で切ったものなんだけど、まさに全部で9マスあるピクセルの平均を取る計算をしていることになるね。

$$\frac{1}{9}p_1 + \frac{1}{9}p_2 + \cdots + \frac{1}{9}p_9$$

(4-1)

そういうことかー。

これがフィルタを適用する仕組み。

今の例はぼかし用のフィルタだったけど、0.11という数値を変えれば違う効果を適用できるフィルタになるってことだよね。

そうそう。フィルタの種類はぼかしの他にもノイズ除去だったりエッジ検出だったり、いくつか種類があるから興味があれば調べてみるといいよ。

あれ、フィルタの種類をもっと深掘りして見ていくんじゃないの？

畳み込みニューラルネットワークの話を理解するためにはフィルタの種類は関係なくて、フィルタを適用するための操作の方が重要。

あ、そっか。今は畳み込みって何だっけ、という話をしてたんだったね。

うん。それでね、畳み込みニューラルネットワークの文脈では、これまでフィルタと言っていた配列のことを、**畳み込みフィルタ**や**畳み込み行列**と言って、それを画像に適用する操作を**畳み込み**と言うから覚えておいてね。

お、ここで畳み込みという単語が出てくるんだね！

畳み込みニューラルネットワークは、この畳み込みフィルタをたくさん用意して、それぞれのフィルタごとに畳み込む処理を繰り返していくものなの。

どんな種類のフィルタが必要なの？　さっきのぼかしのフィルタとかも含まれる？

実は、フィルタの数値はこちらで予め準備するものじゃなくて、畳み込みニューラルネットワークによって学習されるものなんだよ。

えっ……?

後で話すけど、フィルタっていわゆる特徴検出器と考えることができるの。

そうなの? たとえば、ぼかしフィルタも特徴検出器……?

例がぼかしだと特徴検出器としてイメージしにくいかもしれないけど、さっきも話したようにそれ以外にもいくつか既知のフィルタがあってね。

ぼかし			縦方向エッジ			横方向エッジ			全方向エッジ		
0.11	0.11	0.11	0	1	0	0	0	0	0	1	0
0.11	0.11	0.11	0	-1	0	-1	-1	1	1	-4	1
0.11	0.11	0.11	0	0	0	0	0	0	0	1	0

図4-7

ぼかし以外のフィルタはエッジを検出するものだけど、そのエッジが特徴と考えることもできるよね。

そうなんだっけ……。

たとえば数字の画像を思い浮かべてみて? エッジに焦点を当てただけでも、少し考えるとこういう例が挙げられる。

・「1」という数字は、縦方向のエッジが多いはずである
・「0」という数字は、縦方向及び曲線のエッジが存在するはずである
・「4」という数字は、それぞれ縦横斜め方向のエッジが存在するはずである

いまここでは「縦方向」、「横方向」、「曲線」、「斜め方向」の4種類の特徴が出てきたけど、エッジに限らずこういうものは沢山考えることができるよね。

そうか。そういう意味では、ぼかしも周辺のピクセルが均等なのかそうでないかの特徴と考えることもできるのか。

つまりフィルタというものは特徴を捉えることができるもので、どのフィルタがどんな特徴を捉えるかはそのフィルタが持つ値によって変わってくるの。

へー、なるほどねぇ。

複雑な特徴を捉える沢山のフィルタを人間が設計するのはほとんど不可能だから、そのフィルタの値を学習させる、というのが畳み込みニューラルネットワークのアイデアね。

学習の対象ということは、畳み込みニューラルネットワークにおける畳み込みフィルタって、全結合ニューラルネットワークで言う重み行列と同じもの？

うん。そう考えて問題ないよ！

そういうことか。なんとなく分かった気がする。

一度、実際に畳み込みニューラルネットワークの動きを追いかけてみよっか。

Section 3

特徴マップ

畳み込みニューラルネットワークの動作を理解するために、まずは適当な入力画像と3つの畳み込みフィルタを用意してみるね。

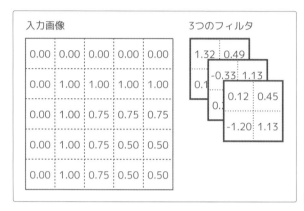

図4-8

畳み込みフィルタの値は適当？

そう。私が適当な数値で埋めただけ。実際はこの数値は学習によって最適化されていくんだけど、今は学習のことは考えずに畳み込みニューラルネットワークの動きを理解するところから始めよう。

うん、わかった。

ちなみに、ここでは説明のために適当に2×2のフィルタを3枚用意してみたけど、このサイズと枚数に大きな意味はないよ。

サイズと枚数は私たちが自由に決めていいってこと？

うん、いいよ。全結合ニューラルネットワークの隠れ層の数とかニューロンの数とかも自分で決めれる部分だったけど、それと同じ。

そっか。なるほどね。

ここで用意した3つの畳み込みフィルタを使って入力画像を畳み込むんだけど、そうするとどうなるかな？

畳み込みフィルタが3つあるんだから、畳み込み後の画像も3つできる？

そう。畳み込みニューラルネットワークの文脈では、畳み込みフィルタを適用した後の画像のことを**特徴マップ**と呼ぶから、ここでもそう呼ぶことにするね。

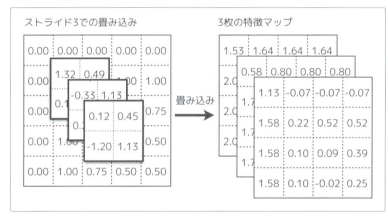
図4-9

この特徴マップには、さっき話したような画像の特徴を表す情報が詰め込まれてると考えていいよ。たとえば、こんな情報ね。

・画像の中のどの部分がどんな形をしているか
・画像の中のどの部分がどれくらい明るいか
・画像の中のどの部分がどれくらい暗いか

最初にぼかしフィルタを適用してみせた時もそうだったけど、特徴マップが小さくなっちゃうのは問題ないの？

うん、それは大丈夫。でも、特徴マップのサイズを調節したかったら**パディング**という手法と、それから**ストライド**というパラメータがある。

パディングとストライド？

パディングは、フィルタのサイズによって入力画像の外枠を何かしらの数字で埋めてサイズを大きくする処理のこと。埋める数字としては基本的には0が使われるね。

図4-10　パディング

あぁ、確かにこうすれば端っこの方も畳み込むことができて、特徴マップが小さくならずに済みそうだね。

それから、ストライドっていうのはフィルタを動かす幅のことね。

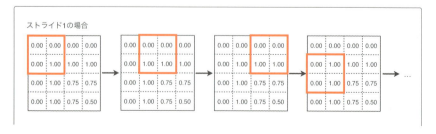

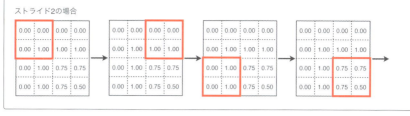

図4-11　ストライド

どれくらいフィルタを動かすかってことか。これまでのフィルタのずらし方はストライド1だったってこと？

そうだね。ストライド2や3のように飛び飛びで動かすこともできて、その場合は特徴マップが小さくなってしまうね。

なるほどね。パディングとストライドを使えば、特徴マップのサイズを大きくも小さくも調節できそうだ。

Section 4　活性化関数

話を図4-9に戻すね。ここまでで3枚の特徴マップが手元にある状態だけど、次にこの結果を活性化関数に通すの。

お、活性化関数ね。全結合ニューラルネットワークの時にも出てきたね。

あの時はシグモイド関数を例に出したけど、最近は特にReLU（レル）と呼ばれる関数が活性化関数として使われることが多いね。

おぉ、ReLU。名前だけ聞いたことある！

へぇ、聞いたことあるの？ ReLUっていうのはRectified Linear Unitの頭文字を取ったものなんだけど、こういう式で表されるもの。

$$a(x) = \max(0, x) \tag{4-2}$$

maxって大きい方の数を選ぶって意味？

うん、数式の一種だよ。要するにxが正の数になる場合以外はすべて0になる、という関数ね。こういう形をしているよ。

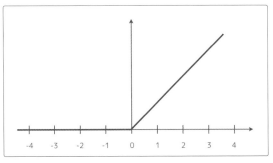

図4-12

数ある活性化関数の中でもReLUはとても良い性能を示すし、それに使いやすい。勾配消失という問題を知ってる？ それをうまく防いでくれる。

勾配消失って、グラフの平坦なところで微分が0になって、学習が進まなくなる問題だよね。

そうそう。ReLUのグラフの形を見てわかる通り、xが正の場合はどこまで行っても微分は1だから、xが正のユニットに関しては勾配が消えてしまうことがないの。

じゃあ、畳み込みニューラルネットワークでも活性化関数としてReLUを使ったほうが良さそうだね。

うん。もちろんReLUを使うつもりだよ。

Section 5 プーリング

そして活性化関数を適用した後は、次にプーリングという操作に移っていく。

聞いたことない新しい言葉が……。

プーリングは簡単に言うと特徴マップのサイズを小さくするための処理。最も一般的なプーリングは、特定の範囲内の最大値を抽出するようなもので**max プーリング**と呼ばれる。

どういうこと？

maxプーリングの例がこれね。

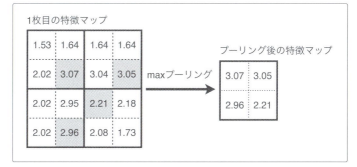

図4-13

特徴マップ全体をそれぞれ2×2の範囲に分割して、その4マスの中から一番大きい値を取り出すような処理。

へー、なんでこんなことするの？

このプーリングの処理によって、特徴マップで抽出された特徴が画像の変形や移動などの影響を受け難くなるんだよ。

4マスから最大値を抽出するだけで、そんなことができるんだね。

さらに言うと、2×2というサイズも私たちが決めれるパラメータ。フィルタのサイズや枚数と同じパラメータだね。

4マスに固定されてるわけじゃなくて、あの分割サイズは自由に変更できるんだね。

ちなみに、最近はプーリング処理をやらない、というパターンも増えてきてて。トレンドはすぐ移り変わるから自分でもアンテナを張っていた方がいいよ。

そうなんだ。じゃあ、プーリングに関しては単語を覚えておくぐらいでいい?

んー、最近やらないことが増えたとはいえ昔からずっと使われてきたわけだし、ちゃんと理解しておいて損はないと思うよ。

あっ、そうなんだね……。覚えること減ってよかったー、って一瞬思っちゃったよ。

ははは。アヤノらしいなぁ。

Section 6 畳み込み層

ちょっとここまでの処理を振り返ってみよう。4つのステップがあったよね。

1. 適当な枚数の畳み込みフィルタを用意する
2. 入力画像に畳み込みフィルタを適用して特徴マップを得る
3. 特徴マップを活性化関数（主にReLU）に通す
4. 活性化関数適用後の特徴マップに対してプーリング処理を行う

畳み込みフィルタ、特徴マップ、ReLU、プーリング。新しい考え方ばっかりだったね。

一般的な畳み込みニューラルネットワークはこの4つの処理を1セットの層として、これを複数個重ねていくの。

プーリング後の特徴マップが次の層の入力画像になって、また新しい別の畳み込みフィルタを適用しながら新しい特徴マップを作っていくってこと？

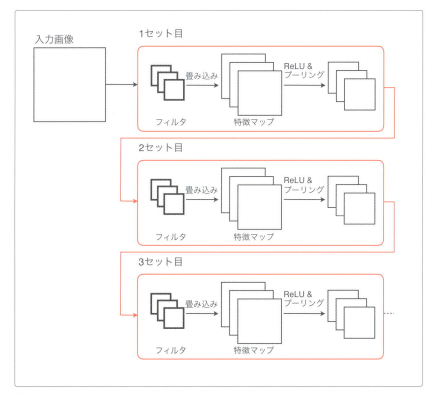

図4-14

そう、そんな感じ。浅い層と深い層では、捉えることができる特徴もちょっと性質が変わってくる。

層	特徴の性質
第1層	局所的な特徴。縦横斜めなどの単純なエッジや明暗など
第2層	より広い範囲での特徴。単純な図形の輪郭など
第3層	より大局的な特徴。簡単な物体の輪郭やパターン模様など
第4層	さらに高次の特徴。複雑な物体など

表4-1

これはあくまでも特徴をイメージをしてもらうものだから、過信しないようにしてね。

最初は単純な特徴を捉えて、層が深くなるにつれてそれらを組み合わせてどんどん高レベルな特徴を捉えていく感じなのね。すごい！

そうやって手に入れた高レベルな特徴を入力として、図4-14の最後のセットの後に全結合ニューラルネットワークをつなげて分類結果を出力する。

それが畳み込みニューラルネットワークというわけね！ なんだかとても複雑そうなニューラルネットワークだなぁ。

計算量はとても多いんだけど、入力画像と重みを掛けて足し合わせた後に活性化関数を通す、という操作を繰り返すだけだから、全結合ニューラルネットワークの時と似てるよね。

んー、そうだっけ……？ 畳み込みニューラルネットワーク特有の新しい考え方が出てきたし、全然似てるイメージないんだけど。

ユニット同士のつながり方や重みの表現が少し違うだけで、本質的には同じニューラルネットワークだからね。

そういえば全結合ニューラルネットワークの時によく出てきてた、丸いユニットがあってそれぞれ線でつながってる図みたいなものも出てきてないよね。

これまでユニットの図を書く時は、入力を1次元としてユニットを縦一列に並べてたからね。対して画像は各ピクセルが入力値となる縦横の2次元だから、少し表現の仕方を変えるといいよ。

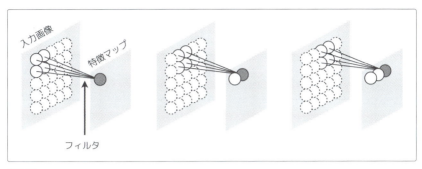

図4-15

なるほど！ 縦横にユニットが並んでいる状態と考えればいいんだね。これだと、全結合の時によく出てきたユニット同士がつながってる感じがイメージできていいね。

この図だと、ユニット同士をつなぐ線全体がフィルタになっていて、各線に紐づく重みがフィルタの値になる感じね。

確かに。これだと、ユニットをつなぐ線に重みが紐付いてる、ということもちゃんとイメージできるね。

ただしこの図を見る時は、重みはフィルタごとに共有されている、という点に気をつけてね。

え？ どういうこと？

全結合ニューラルネットワークの場合、ユニット同士をつなぐ線ごとに異なる重みが付いていたよね。でも、畳み込みニューラルネットワークは線ごとではない。

あぁ、そっか。画像の左上から右下にわたって同じフィルタを適用していくわけだから、同じフィルタの重みを使って計算されるってことだもんね。

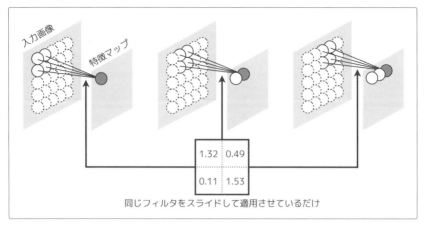

図4-16

そういうこと。畳み込みニューラルネットワークの場合、重みはユニットをつなぐ線ごとではなくて畳み込みフィルタごとに紐付いているものだね。

うん、でもそれを理解していれば、この立体的な表現図は分かりやすくて良いね。

図4-9と図4-13もこの表現で描き直すことができるよ。

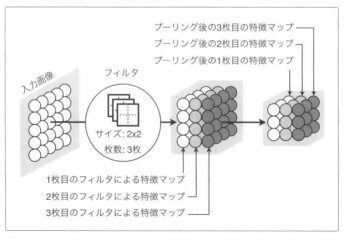

図4-17

複数枚ある特徴マップが重なってる様子もよく分かるね。

こういう重なりは**チャンネル**と表現されることが多くて、図4-17の場合だと入力画像には1つのチャンネルが、特徴マップには3つのチャンネルがあることになる。

へー。画像をRGBで表す時にも、それぞれR、G、Bのことをチャンネルって言ったりするよね。色のレイヤーが存在してる感じ。それと似てるね。

まさにそれだね。ニューラルネットワークのユニットがレイヤーとして重なっている状態。

これまではグレースケールの前提で話してたけど、じゃあカラー画像は入力画像R、G、Bの3チャンネルになったりするのかな？

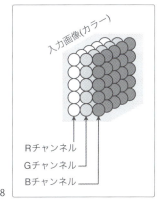

図4-18

そうだね。畳み込みニューラルネットワークでのカラー画像は、RGB3色をそれぞれチャンネルとして扱うことが多い。

カラーだと入力のユニット数が3倍になるね。大変だ。

複数のチャンネルがある場合のことを考えて、これからはユニットだけじゃなくて畳み込みフィルタも立体的に考えた方がいいね。

あれ、畳み込みフィルタって2次元じゃなかったんだ。

フィルタをうまく適用するためには、入力のチャンネル数と同じだけレイヤーを持った畳み込みフィルタを考えないといけないの。たとえば今アヤノが例に出したR、G、Bの3つのチャンネルを持つカラー画像を畳み込むには、フィルタの方にもR、G、Bに対応するチャンネルを持たせる必要がある。

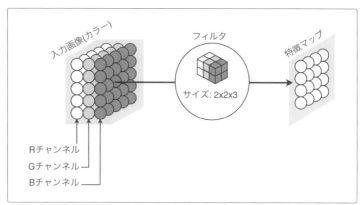

図4-19

おー……そうなんだ。白いユニットと白いフィルタ、灰色のユニットと灰色のフィルタ、黒いユニットと黒いフィルタ、それぞれの位置でユニットとフィルタを掛けて、それを全部足す？

うん。図4-19はフィルタが1個しかない場合を考えたけど、同じように複数個ある場合も考えられる。

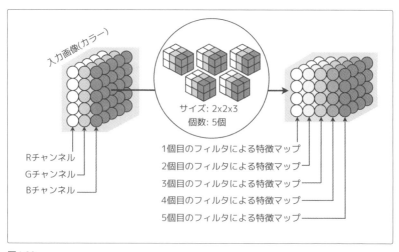

図4-20

これは入力画像だけじゃなくて、特徴マップを入力として畳み込みをする場合も同じね。

入力チャンネルと同じ数だけ、畳み込みフィルタにもチャンネルを用意する必要があって、そのフィルタの個数が今度は特徴マップのチャンネル数になるってことかな？

そうそう。フィルタの個数と、特徴マップのチャンネル数は連動しているね。あとで実際に数式として表して計算していくから、その時にまた復習しよう。

そういえば、最後の特徴マップを全結合ニューラルネットワークにつなぐ、ってあったと思うけど、それどうやるの……？

縦、横、チャンネルの3次元で構成された特徴マップを縦一列に展開してから、あとは前にやった全結合ニューラルネットワークと同じ計算をするイメージね。

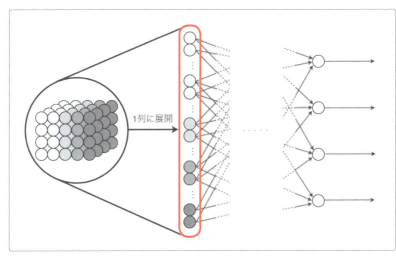

図4-21

あぁ、縦に展開するのか。なるほど、確かに縦に並べれば、その後に全結合ニューラルネットワークをつなげられるね。

畳み込みニューラルネットワークの概要はつかめたかな？

どんなものなのかは理解できたと思う。

じゃあ、概要を理解できたところで、今度は順伝播・逆伝播の話をしていこう。ここが分かればプログラミング言語で実装ができるね。

Section 7 畳み込み層の順伝播

抽象的に考えるとどうしてもわかりにくいから、畳み込みニューラルネットワークの具体的な例を用意しようと思う。

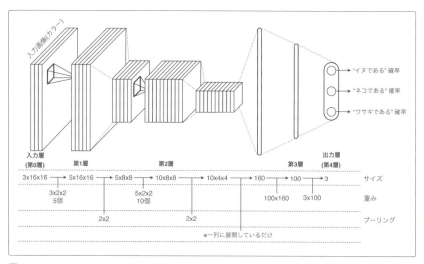

図4-22

畳み込み層が2つ、全結合層が2つの畳み込みニューラルネットワークね。

ちなみに、畳み込みする前後で画像のサイズが変わっていないけど、そこはパディングを適用しているつもり。だから、プーリングの時にだけサイズが小さくなるようにしてる。

あ、ほんとだ。第1層の畳み込み後は16×16のままだし、第2層の畳み込み後も8×8のままだね。

ここで畳み込み層に注目すると、入力画像はx、フィルタは重みと考えてw、活性化関数に通す前の特徴マップはz、という文字をそれぞれ使って表現することにする。

全結合ニューラルネットワークと合わせてる感じね。その方が分かりやすくていいね。

でしょ？ まず入力画像はチャンネル、縦、横の3次元で構成されているから、$x_{(c,i,j)}$という表記を使う。

図4-22の例だと入力画像は16×16のサイズと3つのチャンネルを持ってるから、図に書き込むとするとこんな感じね。

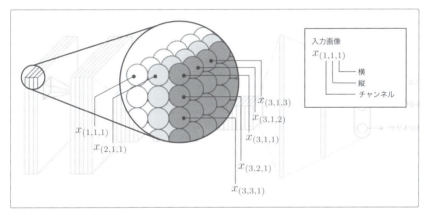

図4-23

cがチャンネル、iが縦方向、jが横方向って感じ？ 全結合ニューラルネットワークの時もそうだったけど、添え字3つはちょっと覚えにくいなぁ……。

iとjはインデックスによく使われる文字、cはチャンネルの英語表記「channel」の頭の文字だから、この辺は参考程度に頭に入れておくといいかも。

んー、その辺はなんとなくわかるけど、でもやっぱりたくさんの添え字っていつ見ても慣れないな。

確かに、慣れは必要かもしれないね。畳み込みフィルタも同じようにチャンネル、縦、横の3つと、それに加えて何個目のフィルタなのかを示すインデックスも必要だから、添え字は全部で4つね。$w^{(k)}_{(c,u,v)}$ という表記を使う。

図4-22の例だと2×2×3のサイズのフィルタが5個あるから、全部は書ききれないけど入る分だけ書くとこんな感じ。

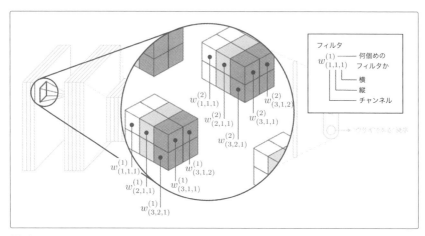

図4-24

今度は添え字4つ……。c がチャンネル、u が縦方向、v が横方向、k が畳み込みフィルタのインデックス、かな？

うん。u と v もインデックスや座標として使うことが多いね。k はカーネルの英語表記「kernel」の頭文字を取ってみた。

なるほど。畳み込みフィルタはカーネルとも呼ばれる、って言ってたもんね。

それから、ちょっと図には書きにくいから文字だけ登場させるけど、フィルタに対応したバイアスも考えることができるの。

そういえば全結合ニューラルネットワークの時もバイアスってあったね。あの時は層のユニットごとにバイアスを定義したんだっけ。

そうだね。畳み込みニューラルネットワークの場合は畳み込みフィルタごとにバイアスを定義するから、$b^{(k)}$ と表記するね。

重みがフィルタごとに定義されてる値だから、バイアスもフィルタごとに定義されるわけね。

そして最後は特徴マップ。これもチャンネル、縦、横の3次元ね。縦と横の位置は入力画像と対応していて、チャンネルはフィルタと対応してるから $z^{(k)}_{(i,j)}$ という表記を使う。

図4-22の例だと 16×16 のサイズの特徴マップが5個できることになるよね。

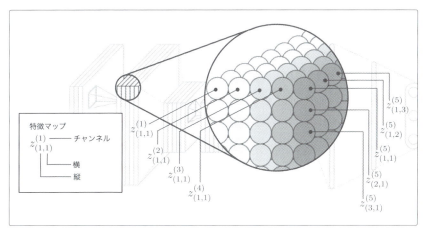

図4-25

x の時みたいに $z_{(i,j,k)}$ って下の方に3つ並べないの？

w と同じように k を右上に付けた方が、特徴マップのチャンネルと畳み込みフィルタのインデックスが対応してることがわかりやすくていいでしょ？

ふーん、対応付けを明示するため、か。

書き方の問題だから別に $z_{(i,j,k)}$ でも間違いではないんだけどね。文字が多くなってくるとどうしても複雑になるし、なるべく理解しやすい表記にしたいから。

確かにねえ。

実際にプログラミングする時は配列に落とし込めばいいから、表記が大事なのは今みたいに数式で考える時だけだね。

とにかくこれで必要な文字は全部そろった？

文字	定義	添え字
$x_{(c,i,j)}$	入力画像	$c=$ チャンネル, $i=$ 縦, $j=$ 横
$w^{(k)}_{(c,u,v)}$	畳み込みフィルタ	$k=$ フィルタ番号 $c=$ チャンネル, $u=$ 縦, $v=$ 横
$b^{(k)}$	バイアス	$k=$ フィルタ番号
$z^{(k)}_{(i,j)}$	特徴マップ	$k=$ フィルタ番号＝特徴マップのチャンネル $i=$ 縦, $j=$ 横

表4-2　このほかP.199からは、右上の2つ目の添え字として「何層目か」を示す文字が登場します

試しに $z^{(5)}_{(2,2)}$ がどうやって計算されるか、x と w と b を使って書けるかな？

おっ、練習問題……右上の添え字が5だから、5番目のフィルタから出力された特徴マップね。えーっと、一気に考えると混乱するから、入力画像とフィルタをチャンネルごとに分解してみる。

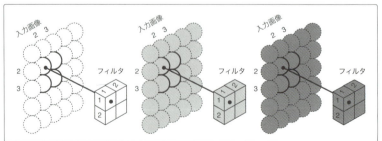
図4-26

こんな風に x の $(2,2)$ と5番目のフィルタ $w^{(5)}$ の $(1,1)$ をチャンネルごとに対応させて重ねた状態で、$w^{(5)}$ と x の各要素を掛けて足せばいいんだよね。

そうだね。分解して考えると分かりやすいかもね。

フィルタが2×2のサイズでチャンネルが3つ、あとバイアスも1つあるから、全部合わせて13個か……。ちょっと項が多いね。

$$\begin{aligned}z^{(5)}_{(2,2)} =& w^{(5)}_{(1,1,1)}x_{(1,2,2)} + w^{(5)}_{(1,1,2)}x_{(1,2,3)} + w^{(5)}_{(1,2,1)}x_{(1,3,2)} + w^{(5)}_{(1,2,2)}x_{(1,3,3)} + \\ & w^{(5)}_{(2,1,1)}x_{(2,2,2)} + w^{(5)}_{(2,1,2)}x_{(2,2,3)} + w^{(5)}_{(2,2,1)}x_{(2,3,2)} + w^{(5)}_{(2,2,2)}x_{(2,3,3)} + \\ & w^{(5)}_{(3,1,1)}x_{(3,2,2)} + w^{(5)}_{(3,1,2)}x_{(3,2,3)} + w^{(5)}_{(3,2,1)}x_{(3,3,2)} + w^{(5)}_{(3,2,2)}x_{(3,3,3)} + \\ & b^{(5)}\end{aligned}$$

(4-3)

よく見ると規則性があるから、実は総和の記号を使って簡潔に書き直せるよ。

確かに規則性はありそうだけど……。添え字が多すぎてどれとどれが関連してるのかわからん……。

ちょっと難しかったかな。こうやってまとめることができるよ。アヤノが書き下した式とじっくり見比べてみてね。

$$z^{(5)}_{(2,2)} = \sum_{c=1}^{3}\sum_{u=1}^{2}\sum_{v=1}^{2} w^{(5)}_{(c,u,v)} x_{(c,2+u-1,2+v-1)} + b^{(5)}$$

(4-4)

すごい、3重のシグマ……私はじめて見たよ。

最初のシグマがフィルタのチャンネルの総和、次のシグマがフィルタの横方向の総和、最後のシグマがフィルタの縦方向の総和、という具合ね。

とにかく式4-3と式4-4は同じものってことね。

うん。もう少し一般化すると、畳み込みフィルタのサイズを $m \times m$、チャンネル数を C として、さっきアヤノが表4-2でまとめてくれた特徴マップの i, j, k も使うと、こう書けるね。

$$z^{(k)}_{(i,j)} = \sum_{c=1}^{C} \sum_{u=1}^{m} \sum_{v=1}^{m} w^{(k)}_{(c,u,v)} x_{(c,i+u-1,j+v-1)} + b^{(k)} \tag{4-5}$$

文字ばっかり……。

特徴マップを作った後は、それを活性化関数に通す。活性化関数を通した値は a で表すとして、ここではReLUを使う前提で話を進めるね。

$$a^{(k)}_{(i,j)} = \max(0, z^{(k)}_{(i,j)}) \tag{4-6}$$

そしてmaxプーリング。プーリング処理で選ばれた値を p で表すとして、カーネルサイズ2×2で周囲4マスの中から最大値を選ぼうとしてるのがわかるかな。

$$\begin{aligned}
p^{(k)}_{(i,j)} = \max(&a^{(k)}_{(2(i-1)+1,2(j-1)+1)} \quad \cdots\cdots \text{左上のマス}\\
,&a^{(k)}_{(2(i-1)+2,2(j-1)+1)} \quad \cdots\cdots \text{左下のマス}\\
,&a^{(k)}_{(2(i-1)+1,2(j-1)+2)} \quad \cdots\cdots \text{右上のマス}\\
,&a^{(k)}_{(2(i-1)+2,2(j-1)+2)} \quad \cdots\cdots \text{右下のマス}\\
)&
\end{aligned} \tag{4-7}$$

プーリングで選ばれたユニットは、図4-22ではこの部分ということになる。

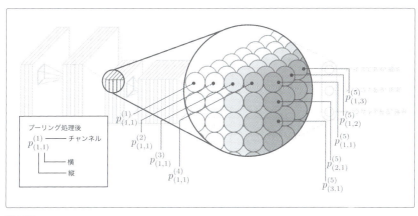

図4-27

式4-7は、添え字の中にも計算がたくさん含まれてて理解しにくいね。よく見ればわかるんだけど。

ちょっと無理やり書いたからね。プーリングの動きを知ってるのであれば、カーネルサイズ m_p で $a^{(k)}_{(i,j)}$ 周りのプーリングをするという意味をこめて、こんな風に書いてもいいかもね。

$$p^{(k)}_{(i,j)} = P_{m_p}(a^{(k)}_{(i,j)})$$

(4-8)

おおっ、これは短くていいね。

あまり一般的な書き方ではないと思うけど、もしアヤノが難しいと感じたら、意味が通っていれば自分で理解しやすいように変形していいんだよ。

文字で定義する時のこういう自由さはいいね。

とにかく、これで畳み込み層に必要な特徴マップ、活性化関数、プーリングの式が出揃ったね。

$$z^{(k)}_{(i,j)} = \sum_{c=1}^{C}\sum_{u=1}^{m}\sum_{v=1}^{m} w^{(k)}_{(c,u,v)} x_{(c,i+u-1,j+v-1)} + b^{(k)} \quad \text{……畳み込み}$$

$$a^{(k)}_{(i,j)} = \max(0, z^{(k)}_{(i,j)}) \quad \text{……活性化関数}$$

$$p^{(k)}_{(i,j)} = P_{m_p}(a^{(k)}_{(i,j)}) \quad \text{……プーリング}$$

(4-9)

これをすべての (i,j) の組み合わせに対して計算していけばいいんだね。

そうなるね。そして式4-9の最後の出力 $p^{(k)}_{(i,j)}$ が次の畳み込み層への入力となる。

$$x^{(1)}_{(c,i,j)} = p^{(k)}_{(i,j)}$$

(4-10)

第1層からの入力という意味で x の右上に層を表す添え字を付けてる。それから、畳み込みフィルタのインデックス k をチャンネルの c に置き換えているから注意してね。

そうか、式4-9のセットを繰り返していくんだもんね。あれ、じゃあ他の文字も層を表す添え字がいるんじゃない？

うん、最初から層の情報を入れると添え字が多くなりすぎて複雑になるから、説明の時は敢えて入れてなかった。

あー、確かに……。ただでさえ添え字が多ッ！って思ってたしなぁ。

でも、ここまで来たら少しは慣れたんじゃない？　全結合ニューラルネットワークの時と同じように、**文字の右上に層の情報も入れてみるね。**

$$
\begin{aligned}
z^{(k,1)}_{(i,j)} &= \sum_{c=1}^{3}\sum_{u=1}^{2}\sum_{v=1}^{2} w^{(k,1)}_{(c,u,v)} x^{(0)}_{(c,i+u-1,j+v-1)} + b^{(k,1)} \quad \cdots\cdots \text{畳み込み（第1層）}\\
a^{(k,1)}_{(i,j)} &= \max(0, z^{(k,1)}_{(i,j)}) \quad \cdots\cdots \text{活性化関数（第1層）}\\
p^{(k,1)}_{(i,j)} &= P_2(a^{(k,1)}_{(i,j)}) \quad \cdots\cdots \text{プーリング（第1層）}\\
x^{(1)}_{(c,i,j)} &= p^{(k,1)}_{(i,j)} \quad (k=c) \quad \cdots\cdots \text{第1層から第2層への入力}
\end{aligned}
$$

$$
\begin{aligned}
z^{(k,2)}_{(i,j)} &= \sum_{c=1}^{5}\sum_{u=1}^{2}\sum_{v=1}^{2} w^{(k,2)}_{(c,u,v)} x^{(1)}_{(c,i+u-1,j+v-1)} + b^{(k,2)} \quad \cdots\cdots \text{畳み込み（第2層）}\\
a^{(k,2)}_{(i,j)} &= \max(0, z^{(k,2)}_{(i,j)}) \quad \cdots\cdots \text{活性化関数（第2層）}\\
p^{(k,2)}_{(i,j)} &= P_2(a^{(k,2)}_{(i,j)}) \quad \cdots\cdots \text{プーリング（第2層）}\\
x^{(2)}_{(c,i,j)} &= p^{(k,2)}_{(i,j)} \quad (k=c) \quad \cdots\cdots \text{第2層から第3層への入力}
\end{aligned}
$$

(4-11)

$x^{(0)}$ は、そのまま解釈すると第0層から入力という意味になるけど、単に入力画像と考えてね。

それにしても添え字が多いねぇ……。まあもともと添え字が多かったから、そこに添え字が1つだけ増えても、そんなもんかって感じだけど。

添え字の多さにも慣れてきた？

はは、いやぁ……目が痛い。でも、なんとなく、心なしか、慣れた気もする……。

はははは……。

Section 8 全結合層の順伝播

 じゃあ、最後に全結合ニューラルネットワークにつなぐ部分ね。図4-21で縦一列に展開するって言ったけど、つまり列ベクトルに変換するということ。

$$x^{(2)} = \begin{bmatrix} x^{(2)}_{(1,1,1)} \\ x^{(2)}_{(1,1,2)} \\ x^{(2)}_{(1,1,3)} \\ \vdots \\ x^{(2)}_{(c,i,j)} \\ \vdots \end{bmatrix}$$

（4-12）

 図4-22だとここの部分のことだよね。

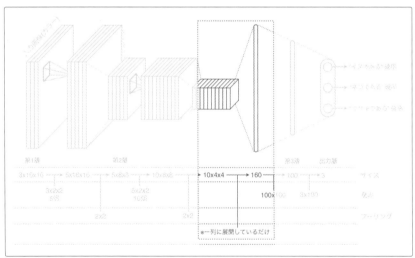

図4-28

 そこで一列に展開することで、前にやった全結合ニューラルネットワークとまったく同じ計算で処理を進めることができる。

$$x^{(3)} = a^{(3)}(W^{(3)}x^{(2)} + b^{(3)})$$ ……一列展開から第3層へ
$$x^{(4)} = a^{(4)}(W^{(4)}x^{(3)} + b^{(4)})$$ ……第3層へから出力層へ
$$y = x^{(4)}$$
(4-13)

最後の y が畳み込みニューラルネットワークが出力した分類結果ということね。

そうだね。ただ、分類の時は、分類先のラベルの分だけ出力層のユニットを増やす、という話は覚えてるかな。

あ、うん。出力層の各ユニットが出力する値をそれぞれ、各ラベルの確率として対応させるんだったよね。

その時に考えないといけないのが、確率として解釈するために出力値の合計が1になっている必要がある、という部分。

あー、そういう話もしてたね。そういえば、どうやって合計1に揃えるんだろう。

実は分類の時に限っては、出力層の活性化関数にソフトマックスと呼ばれる関数を使うの。式4-13だと $a^{(4)}$ がソフトマックス関数ね。出力層の重み付き入力を $z^{(4)} = W^{(4)}x^{(3)} + b^{(4)}$ として、その中の i 番目の重み付き入力を $z_i^{(4)}$ として、それにソフトマックス関数を適用するとこういう式になる。

$$a^{(4)}(z_i^{(4)}) = \frac{\exp(z_i^{(4)})}{\sum_j \exp(z_j^{(4)})}$$
(4-14)

難しそうな式だね……。

式に exp が含まれてるからややこしく見えるけど、よく考えるとタダの割合の計算だよ。z の全要素の合計を分母として、注目している要素を分子とする。

割合の計算……か。exp が付いてはいるものの、z 全体の中で z_i の割合がどれくらいかを計算してるだけってこと？

そうだよ。たとえばソフトマックス関数への重み付き入力がこうだったとするじゃない？

$$z^{(4)} = W^{(4)}x^{(3)} + b^{(4)} = \begin{bmatrix} 1.32 \\ 0.20 \\ -1.87 \end{bmatrix} \begin{array}{l} \cdots\cdots \text{イヌのユニット} \\ \cdots\cdots \text{ネコのユニット} \\ \cdots\cdots \text{ウサギのユニット} \end{array}$$

(4-15)

すると、ソフトマックス関数による各ユニットが出力する値はこんな風に計算できる。

$$a^{(4)}(z_1^{(4)}) = \frac{\exp(1.32)}{\exp(1.32) + \exp(0.20) + \exp(-1.87)} = 0.731\cdots$$
$$a^{(4)}(z_2^{(4)}) = \frac{\exp(0.20)}{\exp(1.32) + \exp(0.20) + \exp(-1.87)} = 0.239\cdots$$
$$a^{(4)}(z_3^{(4)}) = \frac{\exp(-1.87)}{\exp(1.32) + \exp(0.20) + \exp(-1.87)} = 0.030\cdots$$

(4-16)

確かに割合を計算してる感じだね。全部を合計すると 1 になりそうだし。

$$a^{(4)}(z_1^{(4)}) + a^{(4)}(z_2^{(4)}) + a^{(4)}(z_3^{(4)}) = 0.731 + 0.239 + 0.030 = 1$$

(4-17)

これで各ユニットの確率が計算されるから、最終的な畳み込みニューラルネットワークの出力 y はこういう形のベクトルね。

$$y = \begin{bmatrix} 0.731 \\ 0.239 \\ 0.030 \end{bmatrix}$$

(4-18)

割合の計算だと考えるとそう難しくないよね。

んーそうだけど、じゃあ、なんでわざわざ$\exp$を使うの？　割合の計算なんだったら、普通に$\boldsymbol{z}$の全要素を足して、それでz_iを割ればいいんじゃない？

$$a^{(4)}(z_i^{(4)}) = \frac{z_i^{(4)}}{\sum_j z_j^{(4)}}$$
(4-19)

計算結果によってはx_iが負の数になる場合もあるよね。式4-15では、わざとウサギのユニットが負の数になるように作ったし、そうすると単純に要素を足して割るだけじゃ都合が悪い。

あ、そっか。負の数のことを考えてか。でも、そんなの例えば絶対値を取れば……。

$$a^{(4)}(z_1^{(4)}) = \frac{|1.32|}{|1.32|+|0.20|+|-1.87|} = 0.389\cdots$$
$$a^{(4)}(z_2^{(4)}) = \frac{|0.20|}{|1.32|+|0.20|+|-1.87|} = 0.059\cdots$$
$$a^{(4)}(z_3^{(4)}) = \frac{|-1.87|}{|1.32|+|0.20|+|-1.87|} = 0.552\cdots$$
(4-20)

あれ、イヌとウサギの結果が逆転しちゃうか……ダメだ。

本当は値が大きいほど高い確率を割り当てたいのに、絶対値を取ったり二乗したりすると、絶対値が大きいほど高い確率が割り当てられることになっちゃう。

楽をしようとした自分がダメでした。ごめんなさい。

他にも微分がしやすかったり、関数が非線形だったり、いくつか理由はあるけど、とにかく分類をするニューラルネットワークはほとんどが最後に式4-14のソフトマックス関数を通すということは覚えておいてね。

うん。わかった。

このソフトマックス関数の出力をもって、畳み込みニューラルネットワークの順伝播の処理は終わりね。

式4-11の畳み込み層の部分って、よく考えると足し算・掛け算・maxの計算くらいしかやってないんだね。

そうだよ。だから素直に実装するなら全然難しくない。でも計算量がとても多いから、そういう部分の効率化のためのテクニックは必要だね。

Section 9 逆伝播

Section 9 Step 1 畳み込みニューラルネットワークの逆伝播

畳み込みニューラルネットワークの仕組みと順伝播の計算はわかったから、あとは学習方法ね。

全結合ニューラルネットワークだと誤差逆伝播法を使って重みを更新したけど、畳み込みニューラルネットワークも同じ方法でできないの？

畳み込みニューラルネットワークの構成を思い出して欲しいんだけど、前半は畳み込みフィルタ、ReLU、プーリングの層がいくつかあって、後半に全結合ニューラルネットワークがつながってたよね。

うん。そうだったね。

後半の全結合層は、実体は全結合ニューラルネットワークだから全く同じ方法で学習できるけど、前半の畳み込み層は構造が違うから数式も少し違うの。

じゃあ、これからは畳み込み層の学習方法に焦点を当てて考えていく、ってこと？

うん。でも全体像は全結合ニューラルネットワークを学習した時と同じだから、それに沿って話していくね。

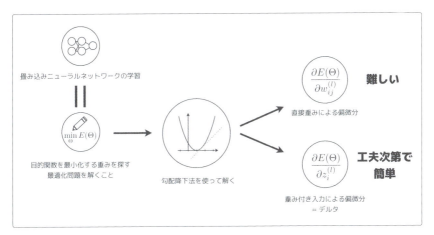

図4-29

あ、これは、前に使った図だね。

数式が少し違うと言っても勾配降下法で学習させるのは一緒で、重みによる直接的な偏微分より重み付き入力による間接的な偏微分が簡単だという部分も一緒ね。

そうなんだね。新しい考え方が出てくると思ってたけど、ちょっと安心した。

ということで図4-29に沿って考えるとすると、まずは何をする必要があるかな？

えっと、なんだっけ……誤差を定義する、かな？

そう！ そこからやっていこう。

Section 9 | Step 2 | **誤差**

前回と同じように、学習データの準備と畳み込みニューラルネットワークを定義するところから始めるよ。

うん。

まず、学習データとそのペアになる正解データを適当に準備する。たとえばイヌ、ネコ、ウサギに分類することを考えた場合はこんな感じね。

画像 x	分類	正解データ t
(※2)	イヌ	$\begin{bmatrix} 1 \\ 0 \\ 0 \end{bmatrix}$
(※3)	ネコ	$\begin{bmatrix} 0 \\ 1 \\ 0 \end{bmatrix}$
(※4)	ウサギ	$\begin{bmatrix} 0 \\ 0 \\ 1 \end{bmatrix}$

表4-3　　※2：https://pxhere.com/ja/photo/898839
　　　　　※3：https://pxhere.com/ja/photo/1434179
　　　　　※4：https://pxhere.com/ja/photo/978252

ここでの x は単純な列ベクトルというよりも図4-23のような立体的な形をしているとイメージしておいてね。

うん。大丈夫。

畳み込みニューラルネットワークは図4-22と同じものを使って、それを $f(x)$ と表す。

$f(x)$ の中身って、式4-11と式4-13のことだよね。

そうだね。そして $f(x)$ が出力する値は y と表して、それを各ラベルごとの確率を表す列ベクトルとする。表4-3の学習データに合わせるとベクトルの要素は3つね。

$$f(x) = y = \begin{bmatrix} y_1 \\ y_2 \\ y_3 \end{bmatrix} \begin{matrix} \cdots\cdots x \text{がイヌである確率} \\ \cdots\cdots x \text{がネコである確率} \\ \cdots\cdots x \text{がウサギである確率} \end{matrix} \quad (4\text{-}21)$$

式4-18みたいな感じってことだね。

じゃあここで、正解データ t と畳み込みニューラルネットワーク $f(x)$ の出力値 y の間の誤差を定義したい。

話しながらだんだん思い出してきたよ。t と y の誤差を二乗して $\frac{1}{2}$ を掛けるんだよね。

前に使った二乗誤差でももちろんいいんだけど、今回は別の誤差を定義しようと考えていたの。

えっ、誤差って引き算する以外にもあるの？

今回は**交差エントロピー**^(※5)という値を誤差として使おうと思う。

$$\sum_{p=1}^{3} t_p \cdot \log \frac{1}{y_p} \quad \left(\boldsymbol{t} = \begin{bmatrix} t_1 \\ t_2 \\ t_3 \end{bmatrix}, \boldsymbol{y} = \begin{bmatrix} y_1 \\ y_2 \\ y_3 \end{bmatrix} \right)$$

(4-22)

こ、こうさ……えんとろ……？

他には**クロスエントロピー**と呼ばれることも多いけど、同じものだね。

えーっと、名前もよくわからないし、式を見ても全然誤差っぽく見えないんだけど、これが本当に誤差を表しているの……？

交差エントロピーという値は2つの確率分布 $P(\omega)$ と $Q(\omega)$ の間に定義されるもので、その2つの確率分布が同じ時 $P(\omega) = Q(\omega)$ に最も小さくなるの。

ちょっと何いってるか全然わかんないんですけど……。

あまり深く交差エントロピーのことを理解しようとすると少し長くなるから、今は「交差エントロピーという値が誤差として使える」くらいの理解でいいよ。

なんで二乗誤差じゃなくてこんな変な関数を誤差に使うの？

二乗誤差と比べて、交差エントロピーは学習の初期段階でも学習速度が速い特徴を持ってるからね。それはひとつのメリット。

学習速度が速いって、学習にかける時間が少なくて済むってこと？

※5　交差エントロピーについては、4章最後のコラムで紹介しています。

そう捉えることもできるけど、本質的には重みの更新のされ方の違いかな。学習の初期状態って重みが乱数で初期化されてるから、ニューラルネットワークの状態が正解から離れてる場合がほとんどなんだけどね。

交差エントロピーの場合、正解から遠ければ遠いほど重みの位置をたくさん動かすんだけど、そうすると結果的に目的関数の値が小さくなるまでの更新回数が二乗誤差に比べて少なくて済む。

それなら最初から二乗誤差じゃなくて交差エントロピーを教えてくれればよかったのに。

基本から入っていくのは大事でしょ。

うっ、そうだね……。交差エントロピーはあとで詳しく調べてみよ。

とにかくこの交差エントロピーを目的関数として、$E(\boldsymbol{\Theta})$ で表すね。ちなみに $\log \frac{1}{y_p} = -\log y_p$ と変形できるから、後で計算しやすいようにその形式にしておくね。

$$\begin{aligned} E(\boldsymbol{\Theta}) &= \sum_{p=1}^{n} t_p \cdot \log \frac{1}{y_p} \\ &= -\sum_{p=1}^{n} t_p \cdot \log y_p \end{aligned}$$

(4-23)

ここでの $\boldsymbol{\Theta}$ は、畳み込みフィルタの重み、バイアス、そして全結合層の重み、バイアスがすべて含まれてると思ってね。

$$\begin{aligned} \boldsymbol{\Theta} = \{ &w_{(1,1,1)}^{(1,1)}, \cdots, w_{(3,2,2)}^{(5,1)}, b^{(1,1)}, \cdots, b^{(5,1)}, \\ &w_{(1,1,1)}^{(1,2)}, \cdots, w_{(5,2,2)}^{(10,2)}, b^{(1,2)}, \cdots, b^{(10,2)}, \\ &\boldsymbol{W}^{(3)}, \boldsymbol{b}^{(3)}, \\ &\boldsymbol{W}^{(4)}, \boldsymbol{b}^{(4)} \} \end{aligned}$$

(4-24)

パラメータの総数がすごいことになりそうだね。いったい何個あるんだろう……。

図4-22の「重み」の項目の数を全部たすといいよ。あ、図には書かれてないけどバイアスもあるね。

パラメータ	サイズ
第1層の畳み込みフィルタ	$5 \times 3 \times 2 \times 2 = 60$ 個
第1層のバイアス	5個
第2層の畳み込みフィルタ	$10 \times 5 \times 2 \times 2 = 200$ 個
第2層のバイアス	10個
第3層の重み行列	$100 \times 160 = 16000$ 個
第3層のバイアス	100個
第4層の重み行列	$3 \times 100 = 300$ 個
第4層のバイアス	3個

表4-4

ひええ、めちゃくちゃいっぱい……。

でも、これで誤差が定義できたことになるね。

じゃあ、次は式4-23の誤差 $E(\Theta)$ が一番小さくなる Θ を見つける？

そう、勾配降下法を使ってね。ここに書き下した各パラメータの更新式が求められれば、畳み込みニューラルネットワークを学習することができるようになる。

$$w_{ij}^{(l)} := w_{ij}^{(l)} - \eta \frac{\partial E(\Theta)}{\partial w_{ij}^{(l)}} \quad \text{……全結合層重み}$$

$$b_i^{(l)} := b_i^{(l)} - \eta \frac{\partial E(\Theta)}{\partial b_i^{(l)}} \quad \text{……全結合層バイアス}$$

(4-25)

$$w^{(k,l)}_{(u,v,c)} := w^{(k,l)}_{(u,v,c)} - \eta \frac{\partial E(\boldsymbol{\Theta})}{\partial w^{(k,l)}_{(u,v,c)}} \quad \text{……畳み込みフィルタ重み}$$

$$b^{(k,l)} := b^{(k,l)} - \eta \frac{\partial E(\boldsymbol{\Theta})}{\partial b^{(k,l)}} \quad \text{……畳み込みフィルタバイアス}$$

(4-26)

Section	Step	
9	3	**全結合層の更新式**

式4-25の全結合層重みと全結合層バイアスの更新式って、前に全結合層ニューラルネットワークの誤差逆伝播法を教えてもらった時に計算したやつがそのまま使える?

$$\delta^{(L)}_i = \left(a^{(L)}(z^{(L)}_i) - y_k\right) a'^{(L)}(z^{(L)}_i) \quad \text{……出力層のデルタ}$$

$$\delta^{(l)}_i = a'^{(l)}(z^{(l)}_i) \sum_{r=1}^{m^{(l+1)}} \delta^{(l+1)}_r w^{(l+1)}_{ri} \quad \text{……隠れ層のデルタ}$$

$$w^{(l)}_{ij} := w^{(l)}_{ij} - \eta \cdot \delta^{(l)}_i \cdot x^{(l-1)}_j \quad \text{……重みの更新式}$$

$$b^{(l)}_i := b^{(l)}_i - \eta \cdot \delta^{(l)}_i \quad \text{……バイアスの更新式}$$

(4-27)

(式3-69より)

基本的にそうだけど、今は$E(\boldsymbol{\Theta})$として二乗誤差の代わりに交差エントロピーを使っているから、少しだけ結果が変わってくるね。

あ、そっか……。$E(\boldsymbol{\Theta})$の中身が違うんだったね。じゃあ、全結合層でも目的関数に交差エントロピーを使った時の更新式を求めないとね。

うん、でも出力層のデルタの結果が変わるだけだから、そこさえ計算しなおせば大丈夫。

あれ、そうなんだっけ。

デルタは目的関数 $E(\Theta)$ を各層の重み付き入力 $z_i^{(k)}$ で偏微分したものだったよね。

うん。この形だよね。

$$\delta_i^{(k)} = \frac{\partial E(\Theta)}{\partial z_i^{(k)}}$$

（4-28）

そう。でも $E(\Theta)$ を $z_i^{(k)}$ で直接的に偏微分するのは出力層だけで、それより前の隠れ層では前に計算したデルタを再利用する、つまり逆伝播させていくだけで、実際に偏微分するわけじゃないよね。

あ、それが誤差逆伝播法だったね……。じゃあ出力層のデルタ $\delta_i^{(4)}$ のことだけ考えればいいね。

うん。それにね、今回は出力層の活性化関数にソフトマックス関数を使ってるけど、交差エントロピーとソフトマックス関数を組み合わせて使うと実は出力層のデルタがとても簡単に計算ができるようになるの。

へえ、そうなんだ。どういう形になるの？

一緒に計算してみよっか。

$$\begin{aligned}
\delta_i^{(4)} &= \frac{\partial E(\Theta)}{\partial z_i^{(4)}} \\
&= \frac{\partial}{\partial z_i^{(4)}} \left(-\sum_{p=1}^{n} t_p \cdot \log y_p \right) \quad \text{……式4-23を代入} \\
&= -\sum_{p=1}^{n} \left(\frac{\partial}{\partial z_i^{(4)}} t_p \cdot \log y_p \right) \quad \text{……総和と偏微分を入れ換え} \\
&= -\sum_{p=1}^{n} \left(\frac{\partial}{\partial y_p} t_p \cdot \log y_p \right) \cdot \left(\frac{\partial y_p}{\partial z_i^{(4)}} \right) \quad \text{……偏微分を分割}
\end{aligned}$$

（4-29）

一気に進んでも難しいだろうから、まずは偏微分を分割するところまで。ここまでは大丈夫かな？

最後の行がなんでそんな風に分割できるの？

y_p は式4-21で表されるベクトル $\boldsymbol{y}$ の要素のことなんだけど、式4-16あたりの話を思い出すと、これはソフトマックス関数の出力結果だということがわかるかな？

$$y_p = a^{(4)}(z_p^{(4)}) = \frac{\exp(z_p^{(4)})}{\sum_j \exp(z_j^{(4)})}$$

（4-30）

y_p の添え字の p が何番目のインデックスでも、ソフトマックス関数の分母には必ず $z_i^{(4)}$ が含まれてるから、つまりこう言いかえることができる。

$z_i^{(4)}$ が　　y_p　　の中に含まれている

y_p　が　$t_p \cdot \log y_p$ の中に含まれている

なるほど、偏微分を分割する時のいつもの流れだ。だから式4-29は、その2つの偏微分に分割できるんだね。

じゃあ、実際に微分してみよう。まず式4-29最終行の左側の方だけど、$\log x$ の微分が $\frac{1}{x}$ であることを考えると、そんなに難しくないよね？

$\log y_p$ を微分すると $\frac{1}{y_p}$ になるってことだよね……。これであってる？

$$\frac{\partial}{\partial y_p} t_p \cdot \log y_p = \frac{t_p}{y_p}$$

（4-31）

オッケー。次に右側の y_p を $z_i^{(4)}$ で偏微分する部分、つまりこれはソフトマックス関数の微分ね。

あんな難しそうな式、どうやって微分すれば……。

ソフトマックス関数の微分に関しては $p=i$ と $p \neq i$ の時で場合分けして、こういう結果になることが知られているから、これがそのまま使えるよ。

$$\frac{\partial y_p}{\partial z_i^{(4)}} = \begin{cases} y_i(1-y_i) & (p=i) \\ -y_p y_i & (p \neq i) \end{cases}$$

(4-32)

へー、ソフトマックス関数の微分は、ソフトマックス関数それ自体を使って表せるんだね。

ちょっと不思議な感じだよね。ともあれ、これで分割後の偏微分の結果がそれぞれ分かったわけだから、式4-31と式4-32を式4-29に代入して計算を進めれるね。

i や p という文字が含まれたまま計算すると少し分かりにくいと思うから、私の方で具体的な値を入れて計算してみるけど、たとえば式4-21のように3次元の出力がある前提で $i=2$ の場合を考えてみると……。

$$\begin{aligned}
\delta_2^{(4)} &= -\sum_{p=1}^{3} \left(\frac{\partial}{\partial y_p} t_p \cdot \log y_p \right) \cdot \left(\frac{\partial y_p}{\partial z_2^{(4)}} \right) \\
&= -\sum_{p=1}^{3} \left(\frac{t_p}{y_p} \right) \cdot \left(\frac{\partial y_p}{\partial z_2^{(4)}} \right) \quad \text{……式4-31を代入} \\
&= -\left(\frac{t_1}{y_1} \cdot \frac{\partial y_1}{\partial z_2^{(4)}} \right) - \left(\frac{t_2}{y_2} \cdot \frac{\partial y_2}{\partial z_2^{(4)}} \right) - \left(\frac{t_3}{y_3} \cdot \frac{\partial y_3}{\partial z_2^{(4)}} \right) \quad \text{……総和を展開} \\
&= -\left(\frac{t_1}{y_1} \cdot -y_1 y_2 \right) - \left(\frac{t_2}{y_2} \cdot y_2(1-y_2) \right) - \left(\frac{t_3}{y_3} \cdot -y_3 y_2 \right) \quad \text{……式4-32を代入} \\
&= t_1 y_2 - t_2 + t_2 y_2 + t_3 y_2 \quad \text{……約分} \\
&= -t_2 + y_2(t_1 + t_2 + t_3) \quad \text{……} y_2 \text{でまとめる} \\
&= -t_2 + y_2 \sum_{p=1}^{3} t_p \quad \text{……総和でまとめる} \\
&= -t_2 + y_2 \quad \text{……確率の和なので1}
\end{aligned}$$

(4-33)

という計算結果になるんだけど、いま $i = 2$ で考えてきたから、また i を戻すと最終的にはこういう結果になる。

$$\delta_i^{(4)} = -t_i + y_i \qquad (4\text{-}34)$$

これが交差エントロピーとソフトマックス関数を組み合わせた時の出力層のデルタ？

そうだよ。

びっくりするくらい簡単な形になったね……。

これで全結合層のデルタの再計算はおしまい。

Section	Step	
9	4	**畳み込みフィルタの更新式**

全結合層の重みの更新式はデルタも含めて計算できたから、残りは式4-26の畳み込み層のフィルタの重みの更新式。

フィルタの重みも全結合層の重みと同じで、重みでの直接的な偏微分は難しいから、重み付き入力での偏微分ができるように分割する感じ？

そう。考え方は同じだよ。畳み込み層の場合は、重み付き入力というか特徴マップでの偏微分ということになるね。

1つ具体的な重みを考えてみるのがいいかな。図4-22の第2層には $5 \times 2 \times 2$ のサイズの畳み込みフィルタが10個あるけど、その1個目のフィルタの一番最初の重み $w_{(1,1,1)}^{(1,2)}$ を例にとってみよう。

$w_{(1,1,1)}^{(1,2)}$ での偏微分を分割して、特徴マップでの偏微分ができるようにするってことね。

$$\frac{\partial E(\boldsymbol{\Theta})}{\partial w_{(1,1,1)}^{(1,2)}} \qquad (4\text{-}35)$$

そうだね。分割するために、まずは重み $w_{(1,1,1)}^{(1,2)}$ が畳み込みニューラルネットワークの式中のどこに出てくるのか探したいんだけど、わかるかな？

今注目してるのは第2層目1個目のフィルタの重みなんだから、第2層目の特徴マップの1個目のチャンネルの中に含まれてるはずだよね。

$$z_{(i,j)}^{(1,2)} = \sum_{c=1}^{5}\sum_{u=1}^{2}\sum_{v=1}^{2} w_{(c,u,v)}^{(1,2)} x_{(c,i+u-1,j+v-1)}^{(1)} + b^{(1,2)} \qquad (4\text{-}36)$$

（式4-9より）

うん。その式の中のどこに $w_{(1,1,1)}^{(1,2)}$ が含まれているかじっくり考えてみてね。

畳み込みの処理って、同じフィルタを画像の左上から右下まで繰り返し適用していくんだから、すべての $z_{(i,j)}^{(1,2)}$ の中に出てくることになる……よね？

$$\begin{aligned}
z_{(1,1)}^{(1,2)} &= w_{(1,1,1)}^{(1,2)} x_{(1,1,1)}^{(1)} + w_{(1,1,2)}^{(1,2)} x_{(1,1,2)}^{(1)} + \cdots \\
z_{(1,2)}^{(1,2)} &= w_{(1,1,1)}^{(1,2)} x_{(1,1,2)}^{(1)} + w_{(1,1,2)}^{(1,2)} x_{(1,1,3)}^{(1)} + \cdots \\
z_{(1,3)}^{(1,2)} &= w_{(1,1,1)}^{(1,2)} x_{(1,1,3)}^{(1)} + w_{(1,1,2)}^{(1,2)} x_{(1,1,4)}^{(1)} + \cdots \\
&\vdots \\
z_{(8,8)}^{(1,2)} &= w_{(1,1,1)}^{(1,2)} x_{(1,8,8)}^{(1)} + w_{(1,1,2)}^{(1,2)} x_{(1,8,9)}^{(1)} + \cdots
\end{aligned} \qquad (4\text{-}37)$$

その通り。つまり以下のことが言えるよね。

$w_{(1,1,1)}^{(1,2)}$ が $z_{(1,1)}^{(1,2)}, z_{(1,2)}^{(1,2)}, z_{(1,3)}^{(1,2)}, \cdots$ の中に含まれている

$z_{(1,1)}^{(1,2)}, z_{(1,2)}^{(1,2)}, z_{(1,3)}^{(1,2)}, \cdots$ が $E(\boldsymbol{\Theta})$ の中に含まれている

おっ、またきたね。偏微分を分割する時の流れ。

じゃあ、この場合式4-35はどんな風に分割できるだろう。

含まれる先が複数ある場合は分割後の偏微分を足せばいいんだったよね……。

$$\frac{\partial E(\mathbf{\Theta})}{\partial w^{(1,2)}_{(1,1,1)}} = \frac{\partial E(\mathbf{\Theta})}{\partial z^{(1,2)}_{(1,1)}} \frac{\partial z^{(1,2)}_{(1,1)}}{\partial w^{(1,2)}_{(1,1,1)}} + \frac{\partial E(\mathbf{\Theta})}{\partial z^{(1,2)}_{(1,2)}} \frac{\partial z^{(1,2)}_{(1,2)}}{\partial w^{(1,2)}_{(1,1,1)}} + \frac{\partial E(\mathbf{\Theta})}{\partial z^{(1,2)}_{(1,3)}} \frac{\partial z^{(1,2)}_{(1,3)}}{\partial w^{(1,2)}_{(1,1,1)}} + \cdots$$

(4-38)

うん、それで大丈夫だけど、総和の記号を使うとこうやってまとめれるよ。

$$\frac{\partial E(\mathbf{\Theta})}{\partial w^{(1,2)}_{(1,1,1)}} = \sum_{i=1}^{8} \sum_{j=1}^{8} \frac{\partial E(\mathbf{\Theta})}{\partial z^{(1,2)}_{(i,j)}} \frac{\partial z^{(1,2)}_{(i,j)}}{\partial w^{(1,2)}_{(1,1,1)}}$$

(4-39)

そして、今は具体的にイメージするために $w^{(1,2)}_{(1,1,1)}$ という特定の重みを考えたけど、一般化して他の重みのことも考えてみよう。

式4-39の $w^{(1,2)}_{(1,1,1)}$ を $w^{(k,l)}_{(c,u,v)}$ に置き換えればいいってこと？

そうね。特徴マップの縦横サイズを $d \times d$ として、対応する z の添え字も置き換えると $w^{(k,l)}_{(c,u,v)}$ での偏微分はこんな風に表せる。

$$\frac{\partial E(\mathbf{\Theta})}{\partial w^{(k,l)}_{(c,u,v)}} = \sum_{i=1}^{d} \sum_{j=1}^{d} \frac{\partial E(\mathbf{\Theta})}{\partial z^{(k,l)}_{(i,j)}} \frac{\partial z^{(k,l)}_{(i,j)}}{\partial w^{(k,l)}_{(c,u,v)}}$$

(4-40)

相変わらず添え字は多いけど……。うん、でも式をじっくり眺めれば、わかる……かな。

これから式4-40の分割された右辺を計算していきたいんだけど、まずは $z_{(i,j)}^{(k,l)}$ を $w_{(c,u,v)}^{(k,l)}$ で偏微分する計算をやってみよう。

添え字がたくさんあってなんか難しそうだなぁ……。

$z_{(i,j)}^{(k,l)}$ は (i,j) の位置を基準にして畳み込んだ結果だから、w と x の掛け算がこんな風に並んでるのはわかる？

$$\begin{aligned}
z_{(i,j)}^{(k,l)} \\
= w_{(1,1,1)}^{(k,l)} x_{(1,i,j)}^{(l-1)} + w_{(1,1,2)}^{(k,l)} x_{(1,i,j+1)}^{(l-1)} + \cdots + \\
w_{(2,1,1)}^{(k,l)} x_{(2,i,j)}^{(l-1)} + w_{(2,1,2)}^{(k,l)} x_{(2,i,j+1)}^{(l-1)} + \cdots + \\
\vdots \\
w_{(c,1,1)}^{(k,l)} x_{(c,i,j)}^{(l-1)} + w_{(c,1,2)}^{(k,l)} x_{(c,i,j+1)}^{(l-1)} + \cdots + \textcolor{red}{w_{(c,u,v)}^{(k,l)}} x_{(c,i+u-1,j+v-1)}^{(l-1)} + \cdots
\end{aligned}$$

(4-41)

これを $w_{(c,u,v)}^{(k,l)}$ で偏微分するわけだから、$w_{(c,u,v)}^{(k,l)}$ が含まれていない項は全部消えるよ。

$w_{(c,u,v)}^{(k,l)}$ と掛け算してる $x_{(c,i+u-1,j+v-1)}^{(l-1)}$ だけが残る？

$$\frac{\partial z_{(i,j)}^{(k,l)}}{\partial w_{(c,u,v)}^{(k,l)}} = x_{(c,i+u-1,j+v-1)}^{(l-1)}$$

(4-42)

それであってるよ。そして、式4-40の右辺の $E(\mathbf{\Theta})$ を $z_{(i,j)}^{(k,l)}$ で偏微分する部分。これが畳み込み層のデルタね。

$$\delta_{(i,j)}^{(k,l)} = \frac{\partial E(\mathbf{\Theta})}{\partial z_{(i,j)}^{(k,l)}}$$

(4-43)

つまり式4-42と式4-43を合わせると、式4-39はこう表せる。

$$\frac{\partial E(\mathbf{\Theta})}{\partial w^{(k,l)}_{(c,u,v)}} = \sum_{i=1}^{d}\sum_{j=1}^{d} \delta^{(k,l)}_{(i,j)} \cdot x^{(l-1)}_{(c,i+u-1,j+v-1)} \tag{4-44}$$

δとxだけになったね。式3-44の時と同じだ。あ、今回はシグマが2つ付いてるけど……。

そう、式3-44と同じだね。畳み込み層のデルタも全結合層のデルタと同じように、前の層で求めたデルタを再利用して計算を楽にすることができるから、最後に逆伝播の方法を考えよう。

全結合ニューラルネットワークの時は出力層と隠れ層で分けて考えてたよね。今回も同じ？

畳み込みニューラルネットワークの構造を考えた時に、畳み込み層の次に来る層が2種類あるからそれごとに考えたい。つまりこの2つ。

- 畳み込み層に接続される畳み込み層の場合 (畳み込み層から逆伝播される場合)
- 全結合層に接続される畳み込み層の場合 (全結合層から逆伝播される場合)

そっか、畳み込み層は全結合層とつながる部分があるから、それは分けて考えないといけないのか。

Section	Step	
9	5	**プーリング層のデルタ**

その前に、畳み込み層の逆伝播を考える際に注意しないといけないのがプーリング処理の部分ね。

あー、プーリングって特徴マップを小さくするもんね。もしかして削除されたユニットをどう扱うか、みたいな話かな？

そうそう。プーリング処理を通過できなかったユニットはそこで切り捨てられるよね。出力層への計算に使われないから、逆伝播もできないの。

逆伝播できないってことはデルタの計算ができないってこと？

そういうことになるね。だからプーリングを通過できなかったユニットに関するデルタはすべて0として計算をしていく。

あ、でも0にするだけでいいんだね。

たとえば図4-22の最初の畳み込み層で、$z^{(1,1)}_{(3,3)}$ から $z^{(1,1)}_{(4,4)}$ の範囲のプーリングをして $z^{(1,1)}_{(3,3)}$ だけ残った場合

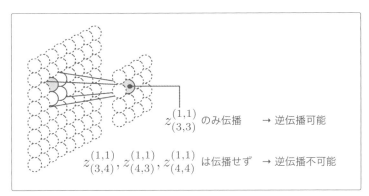

図4-30

- $\delta^{(1,1)}_{(3,3)}$ は後ろの層から逆伝播されたデルタを使って計算可能
- $\delta^{(1,1)}_{(3,4)}, \delta^{(1,1)}_{(4,3)}, \delta^{(1,1)}_{(4,4)}$ はすべて0とする

という感じね。

なるほど。じゃあ、プーリングのサイズが大きかったらほとんどのユニットが0になっちゃうんだね。

そうだね。とにかく、プーリングを通過できたユニットと通過できなかったユニットで分けて考える必要があるということは覚えておいてね。

はーい。わかりました。

じゃあそれを念頭に置いた上で、これからはプーリングを通過できたユニットに絞って話をしていくね。

Section	Step	
9	6	**全結合層に接続される畳み込み層のデルタ**

逆伝播の話だから、後ろの方の層から考えていった方が自然かな。

じゃあ、最初は「全結合層に接続される畳み込み層」の方からかな。図4-22で言うとここの部分だね。

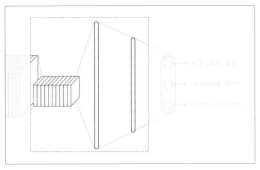

図4-31

たとえば具体的なデルタとして $\delta_{(1,1)}^{(1,2)}$ を考えてみよう。どうなるかな。

重み付き入力で目的関数 $E(\Theta)$ を偏微分すればいいんだよね。畳み込み層から流れてくるのはプーリングで選ばれたユニットだけだから、式4-11で定義した $p_{(1,1)}^{(1,2)}$ が重み付き入力ってことになるのかな？

$$\delta_{(1,1)}^{(1,2)} = \frac{\partial E(\Theta)}{\partial p_{(1,1)}^{(1,2)}}$$

（4-45）

そう、それでいいよ。図4-22の第2層のプーリングサイズは2×2だから$p_{(1,1)}^{(1,2)}$っていうのは$z_{(1,1)}^{(1,2)}, z_{(1,2)}^{(1,2)}, z_{(2,1)}^{(1,2)}, z_{(2,2)}^{(1,2)}$の中のどれかってことになる。たとえばプーリングで$z_{(1,1)}^{(1,2)}$が選ばれた場合、事実上$p_{(1,1)}^{(1,2)} = z_{(1,1)}^{(1,2)}$となるから、それだけ考えればいいね。

$$\delta_{(1,1)}^{(1,2)} = \frac{\partial E(\mathbf{\Theta})}{\partial z_{(1,1)}^{(1,2)}} \qquad \delta_{(1,2)}^{(1,2)} = \frac{\partial E(\mathbf{\Theta})}{\partial z_{(1,2)}^{(1,2)}} = 0$$

$$\delta_{(2,1)}^{(1,2)} = \frac{\partial E(\mathbf{\Theta})}{\partial z_{(2,1)}^{(1,2)}} = 0 \quad \delta_{(2,2)}^{(1,2)} = \frac{\partial E(\mathbf{\Theta})}{\partial z_{(2,2)}^{(1,2)}} = 0$$

(4-46)

なるほど。じゃあ、数式を考える時って、$p_{(1,1)}^{(1,2)}$で偏微分するというよりは$z_{(1,1)}^{(1,2)}$で偏微分するように考えたほうがいいのかなぁ。

そうだね。数式は$z_{(1,1)}^{(1,2)}$で偏微分していくことを考えようか。

とはいえ、ユニットを可視化する時にも$z_{(1,1)}^{(1,2)}$を使うと、特徴マップの部分とごちゃまぜになって混乱しちゃいそうだから、図ではそのまま$p_{(1,1)}^{(1,2)}$を使って話を進めるね。

話を元に戻すけど、特徴マップを一列に展開する部分はこんな風に可視化することができるけど、その中で$p_{(1,1)}^{(1,2)}$はここにあるよね。

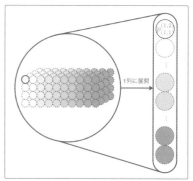

図4-32

うん。下の添え字が$(1,1)$だから一列に展開すると一番上に来るってことだよね。

順番はあんまり重要ではないんだけどね。アヤノに考えて欲しいのは、この $p_{(1,1)}^{(1,2)}$ は、次の層のどのユニットとつながっているか、という部分。

ん、どのユニットとつながっているか？

前に、ユニットから出ている矢印をたどって偏微分を分割した時のことを覚えてる？

あっ、そういうことか。$p_{(1,1)}^{(1,2)}$ がどこに含まれているかを確認して、それを元に偏微分を分割するんだね。えーっと……$p_{(1,1)}^{(1,2)}$ の次の層って全結合層だから、そこのすべてのユニットとつながってる？

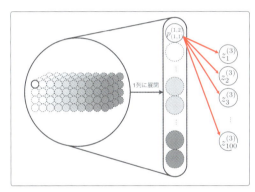
図4-33

そうだよね！ つまり、図4-33はこう言いかえることができる。

$p_{(1,1)}^{(1,2)}$ つまり $z_{(1,1)}^{(1,2)}$ が $z_1^{(3)}, z_2^{(3)}, z_3^{(3)}, \cdots, z_{100}^{(3)}$ の中に含まれている

$z_1^{(3)}, z_2^{(3)}, z_3^{(3)}, \cdots, z_{100}^{(3)}$ が $E(\Theta)$ の中に含まれている

つまり、こんな風に偏微分を分割することができる、だね？

$$\frac{\partial E(\Theta)}{\partial z_{(1,1)}^{(1,2)}} = \sum_{r=1}^{100} \frac{\partial E(\Theta)}{\partial z_r^{(3)}} \frac{\partial z_r^{(3)}}{\partial z_{(1,1)}^{(1,2)}}$$

(4-47)

おっ、アヤノ慣れてきたね〜。

へへ、もう何回もやってるからね。

式4-47は$z^{(1,2)}_{(1,1)}$という具体的な値で考えたものだけど、第$l+1$層の全結合層のユニットの数を$m^{(l+1)}$とすると一般化できるよね。

$$\frac{\partial E(\boldsymbol{\Theta})}{\partial z^{(k,l)}_{(i,j)}} = \sum_{r=1}^{m^{(l+1)}} \frac{\partial E(\boldsymbol{\Theta})}{\partial z^{(l+1)}_r} \frac{\partial z^{(l+1)}_r}{\partial z^{(k,l)}_{(i,j)}}$$

(4-48)

この式の右辺を計算していけばいいわけね。

式4-48の$z^{(l+1)}_r$を$z^{(k,l)}_{(i,j)}$で微分する部分、式3-61と式3-62を思い出して欲しいんだけどそこと全く同じ計算ができるよ。

$$\frac{\partial z^{(l+1)}_r}{\partial z^{(k,l)}_{(i,j)}} = w^{(l+1)}_{(r,k,i,j)} a'^{(l)}(z^{(k,l)}_{(i,j)})$$

(4-49)

$w^{(l+1)}_{(r,k,i,j)}$は、プーリング後の$p^{(k,l)}_{(i,j)}$と全結合層の$z^{(l+1)}_r$の間をつなぐ線の重みだと考えてね。

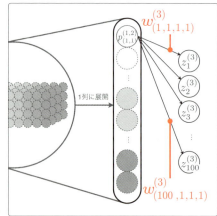

図4-34

とにかく添え字が多いけど……考え方は同じ、ってことか。

そして式4-48の$E(\mathbf{\Theta})$を$z_r^{(l+1)}$で偏微分する部分は、もうアヤノは知ってるよね。

重み付き入力で目的関数を偏微分したものだから、デルタのことね？

$$\frac{\partial E(\mathbf{\Theta})}{\partial z_r^{(l+1)}} = \delta_r^{(l+1)}$$
（4-50）

その通り。そして式4-48から式4-50までを合わせると、全結合層につながっている部分のデルタはこう表せる。

$$\begin{aligned}
\delta_{(i,j)}^{(k,l)} &= \frac{\partial E(\mathbf{\Theta})}{\partial z_{(i,j)}^{(k,l)}} \\
&= \sum_{r=1}^{m^{(l+1)}} \delta_r^{(l+1)} \cdot w_{(r,k,i,j)}^{(l+1)} a'^{(l)}(z_{(i,j)}^{(k,l)}) \\
&= a'^{(l)}(z_{(i,j)}^{(k,l)}) \sum_{r=1}^{m^{(l+1)}} \delta_r^{(l+1)} w_{(r,k,i,j)}^{(l+1)}
\end{aligned}$$
（4-51）

式4-51の層を表す添え字lに注目して欲しいんだけど、左辺の第l層のデルタを計算するのに右辺の$l+1$層のデルタを使えるようになってるよね。

うん。$\delta_{(i,j)}^{(k,l)}$と$\delta_r^{(l+1)}$の部分だね。

ここでも誤差逆伝播の考え方が使えるってことね。

| Section 9 | Step 7 | 畳み込み層に接続される畳み込み層のデルタ |

最後はもうひとつの「畳み込み層に接続される畳み込み層」の方ね。

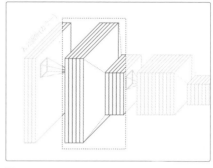

図4-35

ここでは $p_{(2,2)}^{(1,1)}$ のことを考えてみようと思う。例として $z_{(3,3)}^{(1,1)}$ がプーリングを通過したユニットだとすると、解くべき式はこれだね。

$$\delta_{(3,3)}^{(1,1)} = \frac{\partial E(\boldsymbol{\Theta})}{\partial z_{(3,3)}^{(1,1)}} \quad (4\text{-}52)$$

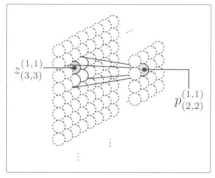

図4-36

あれ、$(1,1)$ じゃなくて $(3,3)$ の位置にあるデルタなんだね。

うん、その位置の方が説明に都合がいいからね。それから、ユニットを全部描くと数が多くて大変だし無駄だから少し省略していること、理解しやすくするためにこれ以降の図では他のチャンネルを省略して1個目のチャンネルしか描いてないこと、にそれぞれ注意してね。

それって、チャンネルの番号はあんまり関係ないってこと?

説明の過程では省略して大丈夫。

ふーん、そうなんだね。

じゃあ、さっきと同じ流れで、$p^{(1,1)}_{(2,2)}$がどこに含まれているのかを調べていこう。

えーっと、今回は畳み込み層が後ろに続く部分だから、全結合層と違ってユニットごとじゃなくてフィルタごとにつながってるんだよね……。

単純に全部つながっているのに比べて少し複雑だね。畳み込みフィルタの動きと連動させて考えないといけないね。

フィルタは左上から順に適用していくわけだから、えーっと……んっ？ なんか混乱してきた。

簡単な図を描いて動きを確認してみよう。

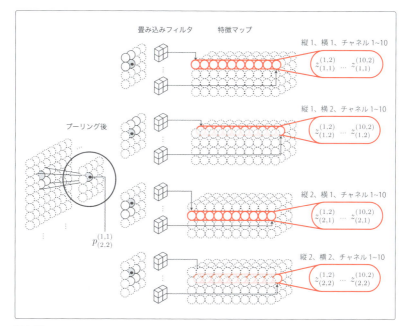

図4-37

入力のチャンネルと畳み込みフィルタのチャンネルはそれぞれ対応してるから、フィルタのチャンネルも1個目だけ描いてる。畳み込みフィルタの個数自体は10個あるから、出力された特徴マップのチャンネル数は10個あることに注意してね。

なるほど……それにしても $p_{(2,2)}^{(1,1)}$ が含まれてそうなユニットたくさんありそうだね。これ、上から順に見ていくんだよね。

畳み込みの操作をする時に $p_{(2,2)}^{(1,1)}$ が結果に含まれるフィルタの位置を列挙したものね。

2×2のフィルタだから全部で4つの位置で重なって、畳み込みの計算に入り込むってわけね。

うん。フィルタをずらしていった時にフィルタのすべての位置で重なる様子を見せたかったから、最初に $(2,2)$ の位置を例として選んだんだよ。

なるほど。確かに $(1,1)$ の位置だと、フィルタの左上の部分しか重ならないことになるね。

ということで、この図4-37の様子を言葉にすると、ちょっと冗長だけど……。

$p_{(2,2)}^{(1,1)}$ つまり $z_{(3,3)}^{(1,1)}$ が
$$\begin{matrix} z_{(1,1)}^{(1,2)}, \cdots, z_{(1,1)}^{(10,2)} \\ z_{(1,2)}^{(1,2)}, \cdots, z_{(1,2)}^{(10,2)} \\ z_{(2,1)}^{(1,2)}, \cdots, z_{(2,1)}^{(10,2)} \\ z_{(2,2)}^{(1,2)}, \cdots, z_{(2,2)}^{(10,2)} \end{matrix}$$
の中に含まれている

$$\begin{matrix} z_{(1,1)}^{(1,2)}, \cdots, z_{(1,1)}^{(10,2)} \\ z_{(1,2)}^{(1,2)}, \cdots, z_{(1,2)}^{(10,2)} \\ z_{(2,1)}^{(1,2)}, \cdots, z_{(2,1)}^{(10,2)} \\ z_{(2,2)}^{(1,2)}, \cdots, z_{(2,2)}^{(10,2)} \end{matrix}$$
が $E(\Theta)$ の中に含まれている

ひええ、すごい……。

項は多いけど、これまでのやり方に忠実に従えば分割自体は難しくないはずだよ。

うん……こうかな。

$$\begin{aligned}\frac{\partial E(\mathbf{\Theta})}{\partial z_{(3,3)}^{(1,1)}} =& \frac{\partial E(\mathbf{\Theta})}{\partial z_{(1,1)}^{(1,2)}} \cdot \frac{\partial z_{(1,1)}^{(1,2)}}{\partial z_{(3,3)}^{(1,1)}} + \cdots + \frac{\partial E(\mathbf{\Theta})}{\partial z_{(1,1)}^{(10,2)}} \cdot \frac{\partial z_{(1,1)}^{(10,2)}}{\partial z_{(3,3)}^{(1,1)}} + \\ & \frac{\partial E(\mathbf{\Theta})}{\partial z_{(1,2)}^{(1,2)}} \cdot \frac{\partial z_{(1,2)}^{(1,2)}}{\partial z_{(3,3)}^{(1,1)}} + \cdots + \frac{\partial E(\mathbf{\Theta})}{\partial z_{(1,2)}^{(10,2)}} \cdot \frac{\partial z_{(1,2)}^{(10,2)}}{\partial z_{(3,3)}^{(1,1)}} + \\ & \frac{\partial E(\mathbf{\Theta})}{\partial z_{(2,1)}^{(1,2)}} \cdot \frac{\partial z_{(2,1)}^{(1,2)}}{\partial z_{(3,3)}^{(1,1)}} + \cdots + \frac{\partial E(\mathbf{\Theta})}{\partial z_{(2,1)}^{(10,2)}} \cdot \frac{\partial z_{(2,1)}^{(10,2)}}{\partial z_{(3,3)}^{(1,1)}} + \\ & \frac{\partial E(\mathbf{\Theta})}{\partial z_{(2,2)}^{(1,2)}} \cdot \frac{\partial z_{(2,2)}^{(1,2)}}{\partial z_{(3,3)}^{(1,1)}} + \cdots + \frac{\partial E(\mathbf{\Theta})}{\partial z_{(2,2)}^{(10,2)}} \cdot \frac{\partial z_{(2,2)}^{(10,2)}}{\partial z_{(3,3)}^{(1,1)}} \end{aligned} \tag{4-53}$$

頑張ってまとめれるかな？

シグマ使うの？ もう頭が回らない……。

はは、確かに、こんなに数式と睨めっこしてると少しきついかな。第 $l+1$ 層の畳み込みフィルタの個数を $K^{(l+1)}$、サイズを $m^{(l+1)} \times m^{(l+1)}$ そして特徴マップ (i,j) の位置に対応するプーリングの位置を (p_i, p_j) とすると、こんな風に一般化することができる。

$$\frac{\partial E(\mathbf{\Theta})}{\partial z_{(i,j)}^{(k,l)}} = \sum_{q=1}^{K^{(l+1)}} \sum_{r=1}^{m^{(l+1)}} \sum_{s=1}^{m^{(l+1)}} \frac{\partial E(\mathbf{\Theta})}{\partial z_{(p_i-r+1, p_j-s+1)}^{(q,l+1)}} \cdot \frac{\partial z_{(p_i-r+1, p_j-s+1)}^{(q,l+1)}}{\partial z_{(i,j)}^{(k,l)}} \tag{4-54}$$

これまで図では1個目のチャンネル$k=1$に固定して見てきたけど、式4-54の右辺ではkに依存する部分がないから気にしなくてよかったの。

式4-53と式4-54って同じことを言ってるんだよね……。

うん。それぞれ$(i,j)=(3,3), (p_i,p_j)=(2,2), (k,l)=(1,1), K^{(l+1)}=10, m^{(l+1)}=2$という値を代入したら同じ式になるよ。じっくり見比べてみてね。

とにかく添え字の文字が多くてキツいなぁ。

結果だけ先に言うけど、式4-54の$z^{(q,l+1)}_{(p_i-r+1),(p_j-s+1)}$を$z^{(k,l)}_{(i,j)}$で偏微分する部分はこうなる。

$$\frac{\partial z^{(q,l+1)}_{(p_i-r+1,p_j-s+1)}}{\partial z^{(k,l)}_{(i,j)}} = w^{(q,l+1)}_{(k,r,s)} \cdot a'^{(l)}(z^{(k,l)}_{(i,j)})$$
(4-55)

そして式4-54の$E(\boldsymbol{\Theta})$を$z^{(q,l+1)}_{(p_i-r+1,p_j-s+1)}$で偏微分する部分は、もうわかるよね。

デルタってことだね。

$$\frac{\partial E(\boldsymbol{\Theta})}{\partial z^{(q,l+1)}_{(p_i-r+1,p_j-s+1)}} = \delta^{(q,l+1)}_{(p_i-r+1,p_j-s+1)}$$
(4-56)

式4-54から式4-56を合わせると、畳み込み層につながっている部分のデルタはこう表せるね。

$$\delta^{(k,l)}_{(i,j)} = \sum_{q=1}^{K^{(l+1)}} \sum_{r=1}^{m^{(l+1)}} \sum_{s=1}^{m^{(l+1)}} \delta^{(q,l+1)}_{(p_i-r+1,p_j-s+1)} \cdot w^{(q,l+1)}_{(k,r,s)} \cdot a'^{(l)}(p^{(k,l)}_{(i,j)})$$

$$= a'^{(l)}(p^{(k,l)}_{(i,j)}) \sum_{q=1}^{K^{(l+1)}} \sum_{r=1}^{m^{(l+1)}} \sum_{s=1}^{m^{(l+1)}} \delta^{(q,l+1)}_{(p_i-r+1,p_j-s+1)} w^{(q,l+1)}_{(k,r,s)}$$

(4-57)

パッと見、ちょっと何いってるのか全然わかんないね……。

さすがにこれは複雑だね。

ちなみにデルタの添え字の $p_i - r + 1$ や $p_j - s + 1$ がマイナスになることがあるけど、その時は $\delta^{(q,l+1)}_{(p_i-r+1,p_j-s+1)} = 0$ としていいよ。

あーなるほど。端っこの方の、たとえば $(1,1)$ の位置でフィルタの一部だけしか重ならない場合ってことね。

そうそう。そういうところ。

Section 9 Step 8 パラメータ更新式

畳み込みニューラルネットワークの逆伝播について、そろそろこれまで話してきたことをまとめるね。

お願いします。

まず本来の目的は畳み込みニューラルネットワークの学習方法を探すことだよね。

うん。全結合ニューラルネットワークと同じように誤差逆伝播法でデルタを計算しながら勾配降下法でパラメータを更新するんだよね。

その通り。最後の方はデルタの逆伝播の方法を考えてたけど、全部で4つのデルタが出てきたよね。

$$\delta_i^{(L)} = -t_i + y_i \quad \text{……出力層}$$

$$\delta_i^{(l)} = a'^{(l)}(z_i^{(l)}) \sum_{r=1}^{m^{(l+1)}} \delta_r^{(l+1)} w_{ri}^{(l+1)} \quad \text{……隠れ層}$$

$$\delta_{(i,j)}^{(k,l)} = a'^{(l)}(z_{(i,j)}^{(k,l)}) \sum_{r=1}^{m^{(l+1)}} \delta_r^{(l+1)} w_{(r,k,i,j)}^{(l+1)} \quad \text{……全結合層に接続される畳み込み層}$$

$$\delta_{(i,j)}^{(k,l)} = a'^{(l)}(z_{(i,j)}^{(k,l)}) \sum_{q=1}^{K^{(l+1)}} \sum_{r=1}^{m^{(l+1)}} \sum_{s=1}^{m^{(l+1)}} \delta_{(p_i-r+1,p_j-s+1)}^{(q,l+1)} w_{(k,r,s)}^{(q,l+1)}$$

……畳み込み層に接続される畳み込み層

(4-58)

ものっっすごいグチャグチャした式たちだね……。

確かにね。

出力層以外の式ではどれも第l層のデルタを求めるのに第$l+1$層のデルタを使えるから、一番上の出力層のデルタさえ計算してしまえばあとはすべて逆伝播可能なことがわかるよね。

計算の過程は難しかったけど、全部のデルタを逆伝播させて計算できるってすごいよね。大変な偏微分の計算を直接しなくていいってことだもんね。

最後にパラメータの更新式をまとめる。デルタの計算を頑張ってきたのは、そもそも勾配降下法でパラメータである重みを更新したかったからだよね。

あ、そうだね。更新式を求めるのが畳み込みニューラルネットワークを学習させるための最終的なゴールだね。

勾配降下法を使ったパラメータの更新式は、パラメータで目的関数 $E(\boldsymbol{\Theta})$ を偏微分する必要があったよね。

$$w_{ij}^{(l)} := w_{ij}^{(l)} - \eta \frac{\partial E(\boldsymbol{\Theta})}{\partial w_{ij}^{(l)}} \quad \text{……全結合層重み}$$

$$b^{(l)} := b^{(l)} - \eta \frac{\partial E(\boldsymbol{\Theta})}{\partial b^{(l)}} \quad \text{……全結合層バイアス}$$

$$w_{(c,u,v)}^{(k,l)} := w_{(c,u,v)}^{(k,l)} - \eta \frac{\partial E(\boldsymbol{\Theta})}{\partial w_{(c,u,v)}^{(k,l)}} \quad \text{……畳み込みフィルタ重み}$$

$$b^{(k,l)} := b^{(k,l)} - \eta \frac{\partial E(\boldsymbol{\Theta})}{\partial b^{(k,l)}} \quad \text{……畳み込みフィルタバイアス}$$

(4-59)

そして、各パラメータで目的関数 $E(\boldsymbol{\Theta})$ を偏微分した結果はこうなる。

$$\frac{\partial E(\boldsymbol{\Theta})}{\partial w_{ij}^{(l)}} = \delta_i^{(l)} \cdot x_j^{(l-1)}$$

$$\frac{\partial E(\boldsymbol{\Theta})}{\partial b^{(l)}} = \delta_i^{(l)}$$

$$\frac{\partial E(\boldsymbol{\Theta})}{\partial w_{(c,u,v)}^{(k,l)}} = \sum_{i=1}^{d} \sum_{j=1}^{d} \delta_{(i,j)}^{(k,l)} \cdot x_{(c,i+u-1,j+v-1)}^{(l-1)}$$

$$\frac{\partial E(\boldsymbol{\Theta})}{\partial b^{(k,l)}} = \sum_{i=1}^{d} \sum_{j=1}^{d} \delta_{(i,j)}^{(k,l)}$$

(4-60)

最後に式4-59と式4-60をまとめると、更新式はデルタを使ってこう書ける。

$$w_{ij}^{(l)} := w_{ij}^{(l)} - \eta \delta_i^{(l)} x_j^{(l-1)} \quad \text{……全結合層重み}$$

$$b_i^{(l)} := b_i^{(l)} - \eta \delta_i^{(l)} \quad \text{……全結合層バイアス}$$

$$w_{(c,u,v)}^{(k,l)} := w_{(c,u,v)}^{(k,l)} - \eta \sum_{i=1}^{d} \sum_{j=1}^{d} \delta_{(i,j)}^{(k,l)} x_{(c,i+u-1,j+v-1)}^{(l-1)} \quad \text{……畳み込みフィルタ重み}$$

$$b^{(k,l)} := b^{(k,l)} - \eta \sum_{i=1}^{d} \sum_{j=1}^{d} \delta_{(i,j)}^{(k,l)} \quad \text{……畳み込みフィルタバイアス}$$

(4-61)

この式に従って重みとバイアスを更新していけば、畳み込みニューラルネットワークの学習ができるんだね。

そうだね。数式を眺めてるだけだとすごく複雑に見えると思うけど、エンジニア視点だと実装に落とし込んだ方が理解が深まるかもね。

そうだなー、私もそんな気がするよ。

私から教えられる畳み込みニューラルネットワークの仕組みと学習方法はこのくらいかな。

今日も式の変形や微分の計算がたくさんあって疲れたよ。

ちょっと大変だったね。

これまでずっと理論を勉強してきたけど、さっきミオも言ったようにそろそろ実装してみたいな。

今度は実際にプログラミングしてみよっか！

やった！やっぱり作るのが一番楽しいからね。

交差エントロピーって一体なに？

交差エントロピーっていう関数、知ってる？

アヤ姉がその話題を出してくるってことは、ニューラルネットワークの目的関数として出てきた？

さすが！ この前ね、交差エントロピーが目的関数に使えるって教えてもらったんだけど、いまいちピンと来てなくて。

僕は情報理論の講義で情報量のことを習ったんだけど、その流れで交差エントロピーのことを教えてもらったんだよね。

え、情報理論？ てっきり機械学習の中での考え方だと思ってたけど。そうじゃないんだ。

交差エントロピーを理解したいなら、まずはエントロピーの考え方が理解できないと難しいと思うよ。

そんなの勉強したこともないよ……。エントロピーってなんなんだよー。

よーし。僕も機械学習のこと勉強してるし、アヤ姉にも何か教えてみたいって思ってたんだよねー

エントロピー

白、黒、赤、灰の4色のボールが全部で16個入ってる箱を想像してみて。

COLUMN

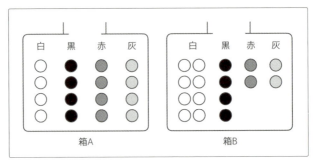

図4-c-1

 それぞれの箱の中から1個ボールを取って、色を確認した後にまた同じ箱に戻す、という操作を繰り返して、出てきた色を0と1という数字だけを使って記録していくとする。

 なんだか高校生の時に習った確率の問題みたいだね……。確率って苦手だったんだよなぁ。

 まさに確率を考えたいんだよね。箱からどの色のボールが取り出されるかという確率の分布は、それぞれこうなるよね。

	白	黒	赤	灰
箱A	25.0%	25.0%	25.0%	25.0%
箱B	50.0%	25.0%	12.5%	12.5%

表4-c-1

 次に情報を記録していく部分だけど、0と1だけを使うからエンコードしないといけないよね。

 そうだね。その辺はプログラマとしてよく知ってる。文字エンコーディングみたいな感覚だよね。白、黒、赤、灰の4色を区別する必要があるわけだから2bit必要。

	白	黒	赤	灰
エンコード方式	00	01	10	11

表4-c-2

うん。基本的にはそれでいいんだけど、確率と絡めてデータを圧縮することを考えると、もっと別の最適なエンコード方式も考えられるよね。

あぁ、確率が高いものには短いbitを割り当てて、確率が低いものには長いbitを割り当てて、全体的にデータ量を圧縮するってやつだっけ……？

そうそう。箱Aは全部25%の確率だからどれも2bitでいいけど、箱Bは偏りがあって白いボールが出やすいから、それを考えるとそれぞれの箱に最適なエンコード方式はこうなる。

	白	黒	赤	灰
箱Aに最適な エンコード方式	00	01	10	11
箱Bに最適な エンコード方式	0	10	110	111

表4-c-3

それでね、こういう箱ごとに最適な方法でエンコードした時、1つの色を表すのに必要な平均bit長のことを「エントロピー」と言うんだ。

おっ、エントロピーという単語が出てきた。交差っていう言葉はつかない、ただのエントロピー？

そう。平均情報量とも言われるけど、まだ交差エントロピーは出てこない。エントロピーは、こういう式で表される。

$$H(P) = - \sum_{\omega \in \Omega} P(\omega) \log_2 P(\omega)$$

（4-c-1）

えっ、えっ……Ωとか$P(\omega)$ってなんだよ突然……。

> **COLUMN**

Ωというのは事象の集合のことでΩ = {白,黒,赤,灰}と考えて、$P(\omega)$はその色が取り出される確率だね。実際に計算してみると、雰囲気がつかめると思うよ。

$$
\begin{aligned}
H(P_a) &= -\sum_{\omega \in \{白,黒,赤,灰\}} P_a(\omega) \log_2 P_a(\omega) \\
&= -P_a(白) \log_2 P_a(白) - P_a(黒) \log_2 P_a(黒) - P_a(赤) \log_2 P_a(赤) - P_a(灰) \log_2 P_a(灰) \\
&= -0.25 \log_2 0.25 - 0.25 \log_2 0.25 - 0.25 \log_2 0.25 - 0.25 \log_2 0.25 \\
&= -0.25 \log_2 2^{-2} - 0.25 \log_2 2^{-2} - 0.25 \log_2 2^{-2} - 0.25 \log_2 2^{-2} \\
&= 0.25 \cdot 2 + 0.25 \cdot 2 + 0.25 \cdot 2 + 0.25 \cdot 2 \\
&= 0.5 + 0.5 + 0.5 + 0.5 \\
&= 2.0
\end{aligned}
$$

$$
\begin{aligned}
H(P_b) &= -\sum_{\omega \in \{白,黒,赤,灰\}} P_b(\omega) \log_2 P_b(\omega) \\
&= -P_b(白) \log_2 P_b(白) - P_b(黒) \log_2 P_b(黒) - P_b(赤) \log_2 P_b(赤) - P_b(灰) \log_2 P_b(灰) \\
&= -0.5 \log_2 0.5 - 0.25 \log_2 0.25 - 0.125 \log_2 0.125 - 0.125 \log_2 0.125 \\
&= -0.5 \log_2 2^{-1} - 0.25 \log_2 2^{-2} - 0.125 \log_2 2^{-3} - 0.125 \log_2 2^{-3} \\
&= 0.5 \cdot 1 + 0.25 \cdot 2 + 0.125 \cdot 3 + 0.125 \cdot 3 \\
&= 0.5 + 0.5 + 0.375 + 0.375 \\
&= 1.75
\end{aligned}
$$

(4-c-2)

なるほど……。$H(P_a)$が箱Aの平均bit長で、$H(P_b)$が箱Bの平均bit長ってことだよね。箱Bの方が短くなってるね。

交差エントロピー

箱Aと箱Bにそれぞれ最適なエンコード方式があって、それぞれエントロピーという値があることがわかったけど、今度はこれを交差させることを考えてみる。

おっ、ついに交差という単語も出てきたね……って交差させるってどういうこと?

箱Bに最適なエンコード方式を使って、箱Aをエンコードしてみるってこと。

箱Bのエンコード方式で箱Aをエンコード？ えっと……？ 頭が混乱するなぁ。なんかすごい変なことしてない？

変なことしてるよね。そんな変なことをすると、1つの色を表すのに必要な平均bit長が伸びてしまうんだ。

うーん、確かになんか無駄なことしてる感じがするから、平均bit長は伸びちゃいそうだよねぇ。

Pという確率分布で発生する情報を、別のQという確率分布に最適なエンコード方式でエンコードしてしまった時に、その情報を表すのに必要な平均bit長のことを「交差エントロピー」と言って、こういう式で表す。

$$H(P, Q) = - \sum_{\omega \in \Omega} P(\omega) \log_2 Q(\omega)$$

(4-c-3)

へぇー、交差エントロピーってそういう意味だったんだ。

さっき言ったような、箱Aをエンコードする時に、箱Bのエンコード方式を使う、という計算を試しにやってみるよ。

$$\begin{aligned}
H(P_a, P_b) &= - \sum_{\omega \in \{白,黒,赤,灰\}} P_a(\omega) \log_2 P_b(\omega) \\
&= -P_a(白) \log_2 P_b(白) - P_a(黒) \log_2 P_b(黒) - P_a(赤) \log_2 P_b(赤) - P_a(灰) \log_2 P_b(灰) \\
&= -0.25 \log_2 0.5 - 0.25 \log_2 0.25 - 0.25 \log_2 0.125 - 0.25 \log_2 0.125 \\
&= -0.25 \log_2 2^{-1} - 0.25 \log_2 2^{-2} - 0.25 \log_2 2^{-3} - 0.25 \log_2 2^{-3} \\
&= 0.25 \cdot 1 + 0.25 \cdot 2 + 0.25 \cdot 3 + 0.25 \cdot 3 \\
&= 0.25 + 0.5 + 0.75 + 0.75 \\
&= 2.25
\end{aligned}$$

(4-c-4)

箱Aは実際は1色を2bitで表せるけど、箱Bのエンコード方式を使うと1色を表すのに2.25bit必要になるってことかぁ。確かに長くなってる。

COLUMN

 交差エントロピーは2つの確率分布 P と Q が一致している時に一番小さくなって、それが P のエントロピーになる。実際 $P = Q$ とすれば式4-c-3と式4-c-1は同じものになるよね。

 じゃあ、機械学習の文脈で交差エントロピーを最小化するっていうのは、学習データの確率 P と、ニューラルネットワークが出力する確率 Q をなるべく近づけようとしてる、ってことね。

 そういう理解で大丈夫だと思うよ。

 あれ、ちょっと待って。式4-c-3の交差エントロピーの $\log$ は底が2になってるけど、目的関数として使った交差エントロピーの式は底に2なんかついてなかったよ。自然対数だった。

 0と1の2つの文字だけを使って記録していこう、っていう話をしてたから底を2にしたんだけど、エントロピーの性質としては底が何であろうと関係ないんだよ。

 あ、そうなんだ。じゃあ、大丈夫なのか。

 エントロピーと交差エントロピーの話わかった？

 んー、ちょっと難しかったけど、何も知らなかった時に比べて少しだけスッキリした。

 人に教えることで自分の頭の中も整理されて、僕もよかったな〜。

Chapter 5

ニューラルネットワークを実装しよう

アヤノはここまで学んだことをもとに、
Pythonでニューラルネットワークの実装をしていきます。
ここまで登場した数式を振り返りながら
プログラムに落とし込んでいきますので、
読者のみなさんも一緒にプログラムを書いてみてください。
環境構築については、Appendixに説明があります。

Section 1 Pythonで実装してみよう

今日はニューラルネットワークの実装をしてみたいな！

そうだね。理論や数式ばっかり勉強していても、つまらないもんね。

私は数学的な背景の勉強も楽しいんだけど、やっぱり実際にプログラミングしてみて動くところを見てみたい。

うん。実装することによって理解も深まるだろうし、自分の手でニューラルネットワークを動かしてみるのは大事だね。

プログラミング言語はPythonを使った方がいいんだよね？

素直に実装するだけなら本当はなんでもいいんだけど、実装しやすいのはPythonだね。

Pythonで頑張る！ 私にとってはあんまり言語は関係ないからね。

さすが凄腕プログラマ。

じゃあさ、私まずあれやってみたいな。アスペクト比が小さいやつを細長いと判定してくれるニューラルネットワーク。

うん。いい練習になりそう。

あのときは結局、重みをどうすればいいかわからないままだったからね。

ニューラルネットワークを使って実際に解けるかどうか確かめるチャンスだね。

よーし。やってみる！

Section 2 アスペクト比判定ニューラルネットワーク

まずは幅と高さを持ったこんな形の学習データをいくつか用意しないといけないね。

$$\boldsymbol{x} = \left[\begin{array}{c} x_1 \\ x_2 \end{array}\right] \begin{array}{l} \cdots\cdots 幅 \\ \cdots\cdots 高さ \end{array}$$

$$y = \begin{array}{l} 1 \ or \\ 0 \end{array} \begin{array}{l} \cdots\cdots 細長い \\ \cdots\cdots 細長くない \end{array} \tag{5-1}$$

適当に作っちゃうね。

■ **Python**インタラクティブシェルで実行（サンプルコード 5-1）

```
>>> import numpy as np
>>>
>>> # 学習データの数
>>> N = 1000
>>>
>>> # （学習に再現性をもたせるためにシードを固定しています。本来は不要です）
>>> np.random.seed(1)
>>>
>>> # 適当な学習データと正解ラベルを生成
>>> TX = (np.random.rand(N, 2) * 1000).astype(np.int32) + 1
>>> TY = (TX.min(axis=1) / TX.max(axis=1) <= 0.2).astype(np.int)[np.newaxis].T
```

中身はこんな感じ。

インデックス	TX		TY 1: 細長い, 0: 細長くない
	幅	高さ	正解
0	418	721	0
1	1	303	1
2	147	93	0
⋮			
999	31	947	1

表5-1

たとえばTX[0]は418px × 721px のサイズの矩形を表してるのかな。

そうそう。418px × 721px だと細長くないから、ラベルも「細長くない」を意味する0になってるよね。

なるほどね。じゃあ、ここでちょっと豆知識。

おっ、なになに？

アヤノが用意した学習データ、もちろんそのままでも使えるんだけど、これだとたぶん収束が遅くなると思うの。

機械学習ではよく使われる手法なんだけど、**標準化**と言って、学習データの平均を0、分散を1にそろえてあげることでパラメータの収束の速度を上げることができる。

平均を0、分散を1？　ちょっとよくわかんないんですけど……。

この式に従ってデータを変換するだけでいいよ。μ は学習データの平均、σ は学習データの標準偏差のことで、それぞれ幅と高さごとに計算してね。

$$x_1 := \frac{x_1 - \mu_1}{\sigma_1}$$
$$x_2 := \frac{x_2 - \mu_2}{\sigma_2}$$

（5-2）

へー、こんな感じでいいの？

■ Python インタラクティブシェルで実行（サンプルコード 5-2）

```
>>> # 平均と標準偏差を計算
>>> MU = TX.mean(axis=0)
>>> SIGMA = TX.std(axis=0)
>>>
>>> # 標準化
>>> def standardize(X):
...     return (X - MU) / SIGMA
...
>>> TX = standardize(TX)
```

そうだね、それでいいよ。TX の中身を覗いてみると、値のスケールが変わってるのが分かると思う。

インデックス	TX		TY 1: 細長い, 0: 細長くない
	幅	高さ	正解
0	-0.28471683	0.68638687	0
1	-1.73186487	-0.73844434	1
2	-1.22518954	-1.45426863	0
⋮			
999	-1.6277535	1.45675016	1

表5-2

ほんとだ。でも、人間にとっては分かりにくくなっちゃったね。

はは、そうだね。まあ計算するのはコンピューターだからね、我慢しよう。

Section 2 | Step 1 ニューラルネットワークの構造

次はニューラルネットワークの構造をどうするか決めないといけないね。

構造か。層の数とか、ユニットの数とか、そういう話？

うん、そうだよ。アヤノが好きなように作ってみていいよ。

えっ、うーん、自由に決めていいってなると逆に難しいな……。

コレといったベストプラクティスがあるわけじゃないからね。重みやバイアスのような最適化対象のパラメータ以外に、開発者が決めないといけない層の数やユニットの数なんかは**ハイパーパラメータ**と呼ばれていて、これをどうやって決めていくのかは難しい問題のひとつね。

じゃあ、とりあえず誤差逆伝播法を教えてくれた時に使ったニューラルネットワークを試してみる。これでいい？

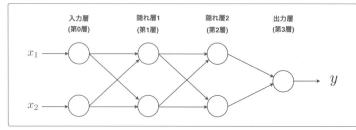
図5-1

うん、まずはやってみないとね。その形のニューラルネットワークなら、重み行列とバイアスはこれだけ必要になるね。

$$\boldsymbol{W}^{(1)} = \begin{bmatrix} w_{11}^{(1)} & w_{12}^{(1)} \\ w_{21}^{(1)} & w_{22}^{(1)} \end{bmatrix}, \quad \boldsymbol{W}^{(2)} = \begin{bmatrix} w_{11}^{(2)} & w_{12}^{(2)} \\ w_{21}^{(2)} & w_{22}^{(2)} \end{bmatrix}, \quad \boldsymbol{W}^{(3)} = \begin{bmatrix} w_{11}^{(3)} & w_{12}^{(3)} \end{bmatrix}$$

$$\boldsymbol{b}^{(1)} = \begin{bmatrix} b_1^{(1)} \\ b_2^{(1)} \end{bmatrix}, \quad \boldsymbol{b}^{(2)} = \begin{bmatrix} b_1^{(2)} \\ b_2^{(2)} \end{bmatrix}, \quad \boldsymbol{b}^{(3)} = \begin{bmatrix} b_1^{(3)} \end{bmatrix}$$

(5-3)

これをそれぞれプログラム中で初期化しよう。初期値は適当な値でいいよ。

適当でいいなら全部乱数で初期化していいのかな？

■ Pythonインタラクティブシェルで実行（サンプルコード 5-3）

```
>>> # 重みとバイアス
>>> W1 = np.random.randn(2, 2)   # 第1層重み
>>> W2 = np.random.randn(2, 2)   # 第2層重み
>>> W3 = np.random.randn(1, 2)   # 第3層重み
>>> b1 = np.random.randn(2)      # 第1層バイアス
>>> b2 = np.random.randn(2)      # 第2層バイアス
>>> b3 = np.random.randn(1)      # 第3層バイアス
```

おっけー。それでいいよ。

実装に落とし込むと単純な配列になるし、プログラマとしては行列とかベクトルよりは安心感があるな。

はは、アヤノにとってはそうだろうね。

次はニューラルネットワークの部分を実装していけばいいかな。

ニューラルネットワークに関しては順伝播と逆伝播を実装する必要があるね。

Section	Step
2	2

順伝播

まずは順伝播からかな？

そうだね。全結合ニューラルネットワークは行列の計算をして活性化関数を通す、という処理を繰り返すだけでよかったよね。

$$x^{(0)} \ \cdots\cdots \text{入力層}$$
$$x^{(1)} = a^{(1)}(W^{(1)}x^{(0)} + b^{(1)}) \ \cdots\cdots \text{第1層}$$
$$x^{(2)} = a^{(2)}(W^{(2)}x^{(1)} + b^{(2)}) \ \cdots\cdots \text{第2層}$$
$$x^{(3)} = a^{(3)}(W^{(3)}x^{(2)} + b^{(3)}) \ \cdots\cdots \text{出力層} \quad (5\text{-}4)$$

（式2-67より）

活性化関数ってシグモイド関数でいいの？

そうだね。シグモイド関数を使ってみよっか。関数の形は覚えてる？ これをそのまま実装してね。

$$\sigma(x) = \frac{1}{1 + e^{-x}} \quad (5\text{-}5)$$

（式2-39より）

うん。これがシグモイド関数の実装、っと……。

■Pythonインタラクティブシェルで実行（サンプルコード 5-4）

```
>>> # シグモイド関数
>>> def sigmoid(x):
...     return 1.0 / (1.0 + np.exp(-x))
```

次にシグモイド関数を活性化関数として使った順伝播の処理を書こう。

式5-4をそのまま実装すればいいよね。

基本的にそうだけど、各層における入力 $x^{(l)}$ と重み付き入力 $z^{(l)}$ はあとで逆伝播と重みの更新の時に使うから、保持しておけるような実装にしておいてね。

なるほど。とりあえず順伝播の関数から全部返してあげて、呼び出し元で戻り値として受け取れば大丈夫だよね。

■Pythonインタラクティブシェルで実行（サンプルコード 5-5）

```
>>> # 順伝播
>>> def forward(x0):
...     z1 = np.dot(W1, x0) + b1
...     x1 = sigmoid(z1)
...     z2 = np.dot(W2, x1) + b2
...     x2 = sigmoid(z2)
...     z3 = np.dot(W3, x2) + b3
...     x3 = sigmoid(z3)
...     return z1, x1, z2, x2, z3, x3
```

こんな感じかな。

その実装でも良いけど、順伝播の時に複数データを一括で処理できるように行列積np.dotの部分をもう少しだけ工夫しよっか。

複数データの一括処理？

アヤノの実装だとforward関数への入力$x^{(0)}$は1個だけデータを受け取る前提で、第1層はこんな風に計算されていることになるよね。

$$W^{(1)}x^{(0)} + b^{(1)} = \begin{bmatrix} w_{11}^{(1)} & w_{12}^{(1)} \\ w_{21}^{(1)} & w_{22}^{(1)} \end{bmatrix} \begin{bmatrix} x_1^{(0)} \\ x_2^{(0)} \end{bmatrix} + \begin{bmatrix} b_1^{(1)} \\ b_2^{(1)} \end{bmatrix}$$

$$= \begin{bmatrix} x_1 w_{11}^{(1)} + x_2 w_{12}^{(1)} + b_1^{(1)} \\ x_1 w_{21}^{(1)} + x_2 w_{22}^{(1)} + b_2^{(1)} \end{bmatrix} \quad (5\text{-}6)$$

うん。だって式5-4の$x^{(0)}$もデータ1個でしょ。

説明を簡単にするために1つのデータに注目して数式を考えてきたけど、学習データって複数あるよね。だから実装の時には一括で処理できたほうがコードも綺麗になるし処理も速い。

なるほど。確かに。

表5-1を見てもわかると思うけど、最初に作ったTXって学習データが縦に並んだ行列だと考えることができるよね。

$$X_{train} = \begin{bmatrix} x_0^T \\ x_1^T \\ x_2^T \\ \vdots \\ x_{999}^T \end{bmatrix} = \begin{bmatrix} x_{(0,1)} & x_{(0,2)} \\ x_{(1,1)} & x_{(1,2)} \\ x_{(2,1)} & x_{(2,2)} \\ \vdots & \vdots \\ x_{(999,1)} & x_{(999,2)} \end{bmatrix} = \begin{bmatrix} 418 & 721 \\ 1 & 303 \\ 147 & 93 \\ \vdots & \vdots \\ 31 & 947 \end{bmatrix}$$

$(5\text{-}7)$

ほんとだ。よく考えてみるとそうだね。

X_{train} を $X^{(0)}$ とした時に、この行列に対して転置した重み行列を掛けてあげると、各行の学習データに対して一気に重みをかけてあげることができるよ。

$$X^{(0)}W^{(1)\mathrm{T}} + B^{(1)}$$

$$= \begin{bmatrix} x^{(0)}_{(0,1)} & x^{(0)}_{(0,2)} \\ x^{(0)}_{(1,1)} & x^{(0)}_{(1,2)} \\ x^{(0)}_{(2,1)} & x^{(0)}_{(2,2)} \\ \vdots & \vdots \\ x^{(0)}_{(999,1)} & x^{(0)}_{(999,2)} \end{bmatrix} \begin{bmatrix} w^{(1)}_{11} & w^{(1)}_{21} \\ w^{(1)}_{12} & w^{(1)}_{22} \end{bmatrix} + \begin{bmatrix} b^{(1)}_1 & b^{(1)}_2 \\ b^{(1)}_1 & b^{(1)}_2 \\ b^{(1)}_1 & b^{(1)}_2 \\ \vdots & \vdots \\ b^{(1)}_1 & b^{(1)}_2 \end{bmatrix}$$

$$= \begin{bmatrix} x^{(0)}_{(0,1)} w^{(1)}_{11} + x^{(0)}_{(0,2)} w^{(1)}_{12} + b^{(1)}_1 & x^{(0)}_{(0,1)} w^{(1)}_{21} + x^{(0)}_{(0,2)} w^{(1)}_{22} + b^{(1)}_2 \\ x^{(0)}_{(1,1)} w^{(1)}_{11} + x^{(0)}_{(1,2)} w^{(1)}_{12} + b^{(1)}_1 & x^{(0)}_{(1,1)} w^{(1)}_{21} + x^{(0)}_{(1,2)} w^{(1)}_{22} + b^{(1)}_2 \\ x^{(0)}_{(2,1)} w^{(1)}_{11} + x^{(0)}_{(2,2)} w^{(1)}_{12} + b^{(1)}_1 & x^{(0)}_{(2,1)} w^{(1)}_{21} + x^{(0)}_{(2,2)} w^{(1)}_{22} + b^{(1)}_2 \\ \vdots & \vdots \\ x^{(0)}_{(999,1)} w^{(1)}_{11} + x^{(0)}_{(999,2)} w^{(1)}_{12} + b^{(1)}_1 & x^{(0)}_{(999,1)} w^{(1)}_{21} + x^{(0)}_{(999,2)} w^{(1)}_{22} + b^{(1)}_2 \end{bmatrix}$$

$$= \begin{bmatrix} z^{(1)}_{(0,1)} & z^{(1)}_{(0,2)} \\ z^{(1)}_{(1,1)} & z^{(1)}_{(1,2)} \\ z^{(1)}_{(2,1)} & z^{(1)}_{(2,2)} \\ \vdots & \vdots \\ z^{(1)}_{(999,1)} & z^{(1)}_{(999,2)} \end{bmatrix} = \begin{bmatrix} z^{(1)\mathrm{T}}_0 \\ z^{(1)\mathrm{T}}_1 \\ z^{(1)\mathrm{T}}_2 \\ \vdots \\ z^{(1)\mathrm{T}}_{999} \end{bmatrix} \qquad (5\text{-}8)$$

$B^{(1)}$ という文字が新しく出てきたけど、これは $b^{(1)}$ を繰り返し縦に並べただけだから、特に難しく考えないでね。

行列を転置すると、それはもう元の重み行列とは違う、別の新しい重み行列になっちゃう感じがするけど、それはいいの？

そんなことないよ。転置すると確かに形は変わるけど中身の値の意味まで変わるわけじゃないし、計算のために形を合わせているだけ。そして、そうやって計算した式5-8の結果の各行は、各 $x^{(0)}$ に対応する $z^{(1)}$ になってるわけだから、同じように $Z^{(1)}$ という行列で表すことができるよね。

それに、$\boldsymbol{Z}^{(1)}$を活性化関数に通したものがそのまま次の層への入力行列になるんだから、また同じように転置した重み行列を掛けれる。

$$\begin{aligned}
\boldsymbol{Z}^{(1)} &= \boldsymbol{X}^{(0)}\boldsymbol{W}^{(1)\mathrm{T}} + \boldsymbol{B}^{(1)} \\
\boldsymbol{X}^{(1)} &= \boldsymbol{a}^{(1)}(\boldsymbol{Z}^{(1)}) \\
\boldsymbol{Z}^{(2)} &= \boldsymbol{X}^{(1)}\boldsymbol{W}^{(2)\mathrm{T}} + \boldsymbol{B}^{(2)} \\
\boldsymbol{X}^{(2)} &= \boldsymbol{a}^{(2)}(\boldsymbol{Z}^{(2)}) \\
\boldsymbol{Z}^{(3)} &= \boldsymbol{X}^{(2)}\boldsymbol{W}^{(3)\mathrm{T}} + \boldsymbol{B}^{(3)} \\
\boldsymbol{X}^{(3)} &= \boldsymbol{a}^{(3)}(\boldsymbol{Z}^{(3)})
\end{aligned} \tag{5-9}$$

じゃあ、さっきのforward関数は複数のデータを行列として受け取る前提で、行列積を計算するnp.dotの部分を書き換えてあげればいいのかな。

■ **Pythonインタラクティブシェルで実行**（サンプルコード 5-6）

```
>>> # 順伝播
>>> def forward(X0):
...     Z1 = np.dot(X0, W1.T) + b1
...     X1 = sigmoid(Z1)
...     Z2 = np.dot(X1, W2.T) + b2
...     X2 = sigmoid(Z2)
...     Z3 = np.dot(X2, W3.T) + b3
...     X3 = sigmoid(Z3)
...     return Z1, X1, Z2, X2, Z3, X3
```

そうだね。それで複数行のデータを一括で順伝播させることができるようになった。

実装となると、効率のことを考えて工夫しないといけない部分があるんだね。

これで順伝播ができたから、今度は逆伝播の実装ね。

Section 2 | Step 3 | 逆伝播

まずはデルタの計算をしないとね。

逆伝播の処理に必要なのは、シグモイド関数の微分、出力層のデルタ、隠れ層のデルタの3つね。それぞれ順番に実装していきましょう。

あ、そうか。デルタの計算のために活性化関数の微分をしないといけない部分があったね。

そうだね。式5-5のシグモイド関数を微分した形はこれ。そのまま実装してね。

$$\frac{d\sigma(x)}{dx} = (1 - \sigma(x))\sigma(x) \tag{5-10}$$

（式3-51より）

うん、そのまま実装……っと。

■ Pythonインタラクティブシェルで実行（サンプルコード 5-7）

```
>>> # シグモイド関数の微分
>>> def dsigmoid(x):
...     return (1.0 - sigmoid(x)) * sigmoid(x)
```

次に出力層のデルタね。

$$\delta_i^{(3)} = \left(a^{(3)}(z_i^{(3)}) - y_k\right) a'^{(3)}(z_i^{(3)}) \tag{5-11}$$

（式3-69より）

これまでと同じように、その式の通り実装すればいいよね。

249

うん。ただ、今は複数データを一括で処理できるように x や z を行列として考えてきたから、デルタも複数データを表す行列になるってことは意識しておかないとね。

$$\Delta^{(3)} = \left(a^{(3)}(Z^{(3)}) - Y_{train}\right) \otimes a'^{(3)}(Z^{(3)})$$

$$= \begin{bmatrix} a^{(3)}(z^{(3)}_{(0,1)}) - y_0 \\ a^{(3)}(z^{(3)}_{(1,1)}) - y_1 \\ a^{(3)}(z^{(3)}_{(2,1)}) - y_2 \\ \vdots \\ a^{(3)}(z^{(3)}_{(999,1)}) - y_{999} \end{bmatrix} \otimes \begin{bmatrix} a'^{(3)}(z^{(3)}_{(0,1)}) \\ a'^{(3)}(z^{(3)}_{(1,1)}) \\ a'^{(3)}(z^{(3)}_{(2,1)}) \\ \vdots \\ a'^{(3)}(z^{(3)}_{(999,1)}) \end{bmatrix}$$

$$= \begin{bmatrix} (a^{(3)}(z^{(3)}_{(0,1)}) - y_0) \cdot a'^{(3)}(z^{(3)}_{(0,1)}) \\ (a^{(3)}(z^{(3)}_{(1,1)}) - y_1) \cdot a'^{(3)}(z^{(3)}_{(1,1)}) \\ (a^{(3)}(z^{(3)}_{(2,1)}) - y_2) \cdot a'^{(3)}(z^{(3)}_{(2,1)}) \\ \vdots \\ (a^{(3)}(z^{(3)}_{(999,1)}) - y_{999}) \cdot a'^{(3)}(z^{(3)}_{(999,1)}) \end{bmatrix} = \begin{bmatrix} \delta^{(3)}_{(0,1)} \\ \delta^{(3)}_{(1,1)} \\ \delta^{(3)}_{(2,1)} \\ \vdots \\ \delta^{(3)}_{(999,1)} \end{bmatrix}$$

(5-12)

Δ は δ の大文字で、複数データのデルタが含まれている、ということを明示するために大文字を使った。X と x の関係と一緒ね。

丸の中にバツが囲われてるみたいな記号なに……？

$\otimes$ は要素ごとの掛け算のこと。普通、行列を横に並べると行列の掛け算になるけど、そうじゃなくて要素ごとに掛け算をすることを明示的に示したい時に使われるね。

へー、初めて見たよ。numpyの実装で例えると np.dot(A, B) と A * B の違いって感じ？

そう、まさにそれだよ。前者は行列の掛け算で AB と書いて、後者は要素ごとの掛け算で $A \otimes B$ と書く。

なるほどなー。とにかく、引数に行列を受け取って戻り値も行列になるってことを意識しておけばいいんだよね。

うん、そういうこと。

出力層のデルタを計算するためには、重み付き入力Zと正解ラベルのYがいるから、引数はその2つでいいかな。

■ Pythonインタラクティブシェルで実行（サンプルコード 5-8）

```
>>> # 出力層のデルタ
>>> def delta_output(Z, Y):
...     return (sigmoid(Z) - Y) * dsigmoid(Z)
```

最後に隠れ層のデルタの実装ね。

$$\delta_i^{(l)} = a'^{(l)}(z_i^{(l)}) \sum_{r=1}^{m^{(l+1)}} \delta_r^{(l+1)} w_{ri}^{(l+1)}$$

（5-13）

（式3-69より）

これも同じようにすべて行列として扱うと効率的だよ。

前の方の活性化関数の微分の部分はいいけど、後ろのシグマの部分ってどうやって行列として計算すればいいんだ……？

ちょっとシグマの部分に注目して考えてみよっか。具体的に第1層の隠れ層のデルタについて、シグマを展開してみよう。

シグマの展開ってこういうこと？

$$\sum_{r=1}^{2} \delta_r^{(2)} w_{r1}^{(2)} = \delta_1^{(2)} w_{11}^{(2)} + \delta_2^{(2)} w_{21}^{(2)}$$

$$\sum_{r=1}^{2} \delta_r^{(2)} w_{r2}^{(2)} = \delta_1^{(2)} w_{12}^{(2)} + \delta_2^{(2)} w_{22}^{(2)}$$

（5-14）

そう。式5-14の2つの式を横に並べたものを考える時、こうやって行列の積で表すことができるよね。

$$\begin{bmatrix} \delta_1^{(2)} & \delta_2^{(2)} \end{bmatrix} \begin{bmatrix} w_{11}^{(2)} & w_{12}^{(2)} \\ w_{21}^{(2)} & w_{22}^{(2)} \end{bmatrix}$$
$$= \begin{bmatrix} \delta_1^{(2)} w_{11}^{(2)} + \delta_2^{(2)} w_{21}^{(2)} & \delta_1^{(2)} w_{12}^{(2)} + \delta_2^{(2)} w_{22}^{(2)} \end{bmatrix} \quad (5\text{-}15)$$

そして式5-15は1つのデータに対するデルタの計算だったけど、各データのデルタを縦に並べれば複数データの計算を一気にできる。

$$\begin{bmatrix} \delta_{(0,1)}^{(2)} & \delta_{(0,2)}^{(2)} \\ \delta_{(1,1)}^{(2)} & \delta_{(1,2)}^{(2)} \\ \delta_{(2,1)}^{(2)} & \delta_{(2,2)}^{(2)} \\ \vdots & \vdots \\ \delta_{(999,1)}^{(2)} & \delta_{(999,2)}^{(2)} \end{bmatrix} \begin{bmatrix} w_{11}^{(2)} & w_{12}^{(2)} \\ w_{21}^{(2)} & w_{22}^{(2)} \end{bmatrix}$$
$$= \begin{bmatrix} \delta_{(0,1)}^{(2)} w_{11}^{(2)} + \delta_{(0,2)}^{(2)} w_{21}^{(2)} & \delta_{(0,1)}^{(2)} w_{12}^{(2)} + \delta_{(0,2)}^{(2)} w_{22}^{(2)} \\ \delta_{(1,1)}^{(2)} w_{11}^{(2)} + \delta_{(1,2)}^{(2)} w_{21}^{(2)} & \delta_{(1,1)}^{(2)} w_{12}^{(2)} + \delta_{(1,2)}^{(2)} w_{22}^{(2)} \\ \delta_{(2,1)}^{(2)} w_{11}^{(2)} + \delta_{(2,2)}^{(2)} w_{21}^{(2)} & \delta_{(2,1)}^{(2)} w_{12}^{(2)} + \delta_{(2,2)}^{(2)} w_{22}^{(2)} \\ \vdots & \vdots \\ \delta_{(999,1)}^{(2)} w_{11}^{(2)} + \delta_{(999,2)}^{(2)} w_{21}^{(2)} & \delta_{(999,1)}^{(2)} w_{12}^{(2)} + \delta_{(999,2)}^{(2)} w_{22}^{(2)} \end{bmatrix}$$
$$(5\text{-}16)$$

なるほど……。確かにそうなるね。

式5-16のデルタの行列を $\boldsymbol{\Delta}^{(2)}$ とすると、式5-13のデルタはこんな風に一括で計算ができるようになる。

$$\boldsymbol{\Delta}^{(1)} = \boldsymbol{a}'^{(1)}(\boldsymbol{Z}^{(1)}) \otimes \boldsymbol{\Delta}^{(2)} \boldsymbol{W}^{(2)} \quad (5\text{-}17)$$

そして、式5-17は第1層の隠れ層について考えたけど、他の隠れ層もまったく同じだからlを使ってそのまま一般化できるよ。

$$\boldsymbol{\Delta}^{(l)} = \boldsymbol{a}'^{(l)}(\boldsymbol{Z}^{(l)}) \otimes \boldsymbol{\Delta}^{(l+1)} \boldsymbol{W}^{(l+1)} \qquad (5\text{-}18)$$

わかった。隠れ層のデルタの計算に必要なのは、重み付き入力$\boldsymbol{Z}$と、その次の層のデルタ$\boldsymbol{\Delta}$、重み$\boldsymbol{W}$だから、今度は3つの引数が必要ね。

■ Pythonインタラクティブシェルで実行（サンプルコード 5-9）

```
>>> # 隠れ層のデルタ
>>> def delta_hidden(Z, D, W):
...     return dsigmoid(Z) * np.dot(D, W)
```

これで逆伝播の計算に必要な実装はそろったね。

で、後ろの層のデルタから計算していくのが逆伝播ってことだよね。

■ Pythonインタラクティブシェルで実行（サンプルコード 5-10）

```
>>> # 逆伝播
>>> def backward(Y, Z3, Z2, Z1):
...     D3 = delta_output(Z3, Y)
...     D2 = delta_hidden(Z2, D3, W3)
...     D1 = delta_hidden(Z1, D2, W2)
...     return D3, D2, D1
```

これでニューラルネットワークについては実装できたことになるかな？

そうだね。いい感じ。

Section 2 Step 4 学習

次に逆伝播されたデルタを使って、パラメータを更新する部分を実装していかないとね。

わかった。パラメータ更新式はこれを使えばいいんだよね。

$$w_{ij}^{(l)} := w_{ij}^{(l)} - \eta \frac{\partial E(\boldsymbol{\Theta})}{\partial w_{ij}^{(l)}}$$

$$b_{i}^{(l)} := b_{i}^{(l)} - \eta \frac{\partial E(\boldsymbol{\Theta})}{\partial b_{i}^{(l)}}$$

（5-19）

（式3-68、3-69より）

うん。これまでと同じように式を実装に落とし込んでいこう。

よーし、ってアレ、学習率ηってどんな値がいいの？

一概にこれが良いという値はないから試行錯誤が必要なんだよね。これもハイパーパラメータの一種なんだけど、一般的には0.01とか0.001みたいな小さな数字を設定することが多いね。

ふーん、そうなんだ。とりあえず0.001にしてみるね。

■Pythonインタラクティブシェルで実行（サンプルコード 5-11）
```
>>> # 学習率
>>> ETA = 0.001
```

これを使って式5-19を実装していけばいいよね。

その前に、数式を追いかける時は誤差の合計 $E(\boldsymbol{\Theta})$ じゃなくて個々の誤差 $E_k(\boldsymbol{\Theta})$ に対する偏微分を計算をしてきたのは覚えてるかな？

あ、そっか、そういえばそうだったね……。総和と偏微分は入れ換えれるから、個々の誤差の偏微分を計算して最後に合計する、という考え方だったっけ。

そうだね。これまでの逆伝播の計算は個々の誤差を偏微分したものだから、パラメータを更新する時は個々の誤差の偏微分を合計するような形で式5-19の偏微分の部分を少し変形してあげないといけない。

$$\frac{\partial E(\boldsymbol{\Theta})}{\partial w_{ij}^{(l)}} = \sum_{k=0}^{999} \frac{\partial E_k(\boldsymbol{\Theta})}{\partial w_{ij}^{(l)}} = \sum_{k=0}^{999} \delta_{(k,i)}^{(l)} x_{(k,j)}^{(l-1)}$$

$$\frac{\partial E(\boldsymbol{\Theta})}{\partial b_i^{(l)}} = \sum_{k=0}^{999} \frac{\partial E_k(\boldsymbol{\Theta})}{\partial b_i^{(l)}} = \sum_{k=0}^{999} \delta_{(k,i)}^{(l)}$$

（5-20）

じゃあ、式5-20を式5-19に代入してあげると、結局パラメータの更新式はこれを実装してあげればいいのかな？

$$w_{ij}^{(l)} := w_{ij}^{(l)} - \eta \sum_{k=0}^{999} \delta_{(k,i)}^{(l)} x_{(k,j)}^{(l-1)}$$

$$b_i^{(l)} := b_i^{(l)} - \eta \sum_{k=0}^{999} \delta_{(k,i)}^{(l)}$$

（5-21）

そうだね。そして $\delta_{(k,i)}^{(l)}$ や $x_{(k,j)}^{(l-1)}$ は、これまでと同じように行列で考えて計算した方がいいよ。

うーん、行列で一気に計算するって、考えるのが難しいな……。

そうだね、慣れないとちょっと難しいか。

式には $\delta^{(l)}_{(k,i)}$ と $x^{(l-1)}_{(k,j)}$ が出てくるんだから、$\mathbf{\Delta}^{(l)}$ と $\mathbf{X}^{(l-1)}$ を使うんだよね。

そう、実は $\mathbf{\Delta}^{(l)}$ を転置したものと $\mathbf{X}^{(l-1)}$ とを掛けてあげると、$\mathbf{W}^{(l)}$ に含まれる重みの更新式を一気に計算してあげることができるよ。

え、全部の重みを一気に？

うん。試しに $\mathbf{\Delta}^{(2)}$ と $\mathbf{X}^{(1)}$ を使って、$\mathbf{W}^{(2)}$ が更新できる様子を見てみよっか。

$$\mathbf{W}^{(2)} := \mathbf{W}^{(2)} - \eta \mathbf{\Delta}^{(2)\mathrm{T}} \mathbf{X}^{(1)}$$

$$= \begin{bmatrix} w^{(2)}_{11} & w^{(2)}_{12} \\ w^{(2)}_{21} & w^{(2)}_{22} \end{bmatrix} - \eta \begin{bmatrix} \delta^{(2)}_{(0,1)} & \delta^{(2)}_{(1,1)} & \cdots & \delta^{(2)}_{(999,1)} \\ \delta^{(2)}_{(0,2)} & \delta^{(2)}_{(1,2)} & \cdots & \delta^{(2)}_{(999,2)} \end{bmatrix} \begin{bmatrix} x^{(1)}_{(0,1)} & x^{(1)}_{(0,2)} \\ x^{(1)}_{(1,1)} & x^{(1)}_{(1,2)} \\ \vdots & \vdots \\ x^{(1)}_{(999,1)} & x^{(1)}_{(999,2)} \end{bmatrix}$$

$$= \begin{bmatrix} w^{(2)}_{11} & w^{(2)}_{12} \\ w^{(2)}_{21} & w^{(2)}_{22} \end{bmatrix} - \begin{bmatrix} \eta\sum_{k=0}^{999}\delta^{(2)}_{(k,1)}x^{(1)}_{(k,1)} & \eta\sum_{k=0}^{999}\delta^{(2)}_{(k,1)}x^{(1)}_{(k,2)} \\ \eta\sum_{k=0}^{999}\delta^{(2)}_{(k,2)}x^{(1)}_{(k,1)} & \eta\sum_{k=0}^{999}\delta^{(2)}_{(k,2)}x^{(1)}_{(k,2)} \end{bmatrix}$$

$$= \begin{bmatrix} w^{(2)}_{11} - \eta\sum_{k=0}^{999}\delta^{(2)}_{(k,1)}x^{(1)}_{(k,1)} & w^{(2)}_{12} - \eta\sum_{k=0}^{999}\delta^{(2)}_{(k,1)}x^{(1)}_{(k,2)} \\ w^{(2)}_{21} - \eta\sum_{k=0}^{999}\delta^{(2)}_{(k,2)}x^{(1)}_{(k,1)} & w^{(2)}_{22} - \eta\sum_{k=0}^{999}\delta^{(2)}_{(k,2)}x^{(1)}_{(k,2)} \end{bmatrix} \tag{5-22}$$

式5-22の最後の行列の各要素が、式5-21の右辺と一致していることがわかるかな。

ほんとだ！ ということは、重みの更新は最終的にこの式を実装すればいいんだね。

$$\mathbf{W}^{(l)} := \mathbf{W}^{(l)} - \eta \mathbf{\Delta}^{(l)\mathrm{T}} \mathbf{X}^{(l-1)} \tag{5-23}$$

バイアスの方は $\mathbf{\Delta}^{(l)}$ をデータごとに合計すればいいだけだから、特に行列の計算なんかは考えなくていいよ。

$$\boldsymbol{b}^{(l)} := \begin{bmatrix} b_1^{(l)} - \eta \sum_{k=0}^{999} \delta_{(k,1)}^{(l)} \\ b_2^{(l)} - \eta \sum_{k=0}^{999} \delta_{(k,2)}^{(l)} \\ \vdots \end{bmatrix}$$

（5-24）

numpyのsum関数を使って実装できそうだね。

じゃあ、式5-23と式5-24を実装してみよう。

パラメータは式5-3の分だけあるから、それら全部を式5-23と式5-24に従って更新すればいいわけだよね。これでいいかな？

■ Pythonインタラクティブシェルで実行（サンプルコード 5-12）

```
>>> # 目的関数の重みでの微分
>>> def dweight(D, X):
...     return np.dot(D.T, X)
...
>>> # 目的関数のバイアスでの微分
>>> def dbias(D):
...     return D.sum(axis=0)
...
>>> # パラメータの更新
>>> def update_parameters(D3, X2, D2, X1, D1, X0):
...     global W3, W2, W1, b3, b2, b1
...     W3 = W3 - ETA * dweight(D3, X2)
...     W2 = W2 - ETA * dweight(D2, X1)
...     W1 = W1 - ETA * dweight(D1, X0)
...     b3 = b3 - ETA * dbias(D3)
...     b2 = b2 - ETA * dbias(D2)
...     b1 = b1 - ETA * dbias(D1)
```

よし、じゃあこれまで順伝播、逆伝播、パラメータの更新、とそれぞれ実装してきたから、それらを使って学習部分を作れば完成だね。

完成までもう少し！

学習のイメージとしてはこうね。

1. **順伝播**：学習データを順伝播させてアスペクト比が高いか低いかを予測する
2. **逆伝播**：予測結果を元に各層における正解ラベルとの誤差（デルタ）を算出する
3. **パラメータ更新**：計算された誤差（デルタ）を元に偏微分を求めパラメータを更新する

順伝播、逆伝播、パラメータ更新はそれぞれ`forward`、`backward`、`update_parameters`という名前の関数を作ったからそれを使えばいいんだよね？

そうだね。その順番で呼び出して学習をするコードを書いてみてね。学習に必要な情報はすべて戻り値で返しているはずだから。

わかった。全部関数にまとめたから、呼び出すだけでいいよね。

■ Pythonインタラクティブシェルで実行（サンプルコード 5-13）

```
>>> # 学習
>>> def train(X, Y):
...     # 順伝播
...     Z1, X1, Z2, X2, Z3, X3 = forward(X)
...     # 逆伝播
...     D3, D2, D1 = backward(Y, Z3, Z2, Z1)
...     # パラメータの更新(ニューラルネットワークの学習)
...     update_parameters(D3, X2, D2, X1, D1, X)
```

あとはその`train`メソッドを繰り返し呼び出して、パラメータを最適化していこう。機械学習の文脈では、そういう繰り返し回数のことを**エポック数**と呼ぶことが多いから覚えておくといいよ。

へー、エポック数。じゃあ、そのエポック数はどれくらいの値にしたらいいの？

んー、エポック数に関しても、この回数だけ繰り返せば大丈夫！ という値は無いから、学習率と同じで試行錯誤になるね。誤差を見ながら見極めるといいよ。

そ、そうなんだ。色々と決めないといけないことが多いな……。

今回は学習データが少ないから、たくさん繰り返すといいよ。

たくさん、かぁ。よくわかんないから適当に大きな数をエポック数に設定して……。

■ Pythonインタラクティブシェルで実行（サンプルコード 5-14）

```
>>> # 繰り返し回数
>>> EPOCH = 30000
```

この回数だけ繰り返しtrainメソッドを呼ぶように、ループで囲めばいいよね。

学習にはそれなりに時間がかかるから、学習がどれくらい進んでいるのか把握するための指標になるものも作っておいたほうがいいかもね。

あ、確かにそうだね。パラメータ更新を繰り返して、本当にちゃんと学習できてるか気になるもんね。

今回は素直に目的関数 $E(\boldsymbol{\Theta})$ を実装して、誤差の値を見ていこっか。

$$E(\boldsymbol{\Theta}) = \frac{1}{2}\sum_{k=1}^{n}(y_k - f(\boldsymbol{x}_k))^2$$

（5-25）

（式3-17より）

これは式をそのまま実装すればいいだけだよね。

■ Pythonインタラクティブシェルで実行（サンプルコード 5-15）

```
>>> # 予測
>>> def predict(X):
...     return forward(X)[-1]
...
>>> # 目的関数
>>> def E(Y, X):
...     return 0.5 * ((Y - predict(X)) ** 2).sum()
```

これで学習に必要なすべての準備が整ったね。

Section 2 Step 5 ミニバッチ法

実際に学習する時は、学習データをミニバッチと呼ばれる小さな単位に分割して学習するようにするといいよ。

学習データを分割？

ある一定数のデータをランダムに選んで学習することを繰り返すことで最適な解に収束しやすくなるんだけど、式5-21を思い出してみて？ あの式は、パラメータの更新のためにすべてのデータを使っていたよね。

うん。$k=0$から999までのデータの総和を取っていたね。TXは1000個用意したから、1000個のデータの合計ってことだよね。

一方でミニバッチに分割する場合、たとえば学習データ100個ごとにパラメータを更新して、それを10回繰り返すようにして学習を進めるの。次の式5-26の K_i は重複の無いランダムなインデックスが100個ずつ集まった集合だと考えてね。

$$w_{ij}^{(l)} := w_{ij}^{(l)} - \eta \sum_{k \in \boldsymbol{K}_1} \delta_{(k,i)}^{(l)} x_{(k,j)}^{(l-1)} \quad (\boldsymbol{K}_1 = \{966, 166, 9, \cdots, 390\})$$

$$w_{ij}^{(l)} := w_{ij}^{(l)} - \eta \sum_{k \in \boldsymbol{K}_2} \delta_{(k,i)}^{(l)} x_{(k,j)}^{(l-1)} \quad (\boldsymbol{K}_2 = \{895, 3, 486, \cdots, 538\})$$

$$\vdots$$

$$w_{ij}^{(l)} := w_{ij}^{(l)} - \eta \sum_{k \in \boldsymbol{K}_{10}} \delta_{(k,i)}^{(l)} x_{(k,j)}^{(l-1)} \quad (\boldsymbol{K}_{10} = \{15, 43, 791, \cdots, 218\})$$

(5-26)

そしてこの10回1セットのパラメータ更新を繰り返していく。これは確率的勾配降下法やミニバッチ法と呼ばれて、とてもよく使われるテクニックだよ。

ということは、ミニバッチのループとエポックのループの2重ループになるってことかな？

そうだね。内側にミニバッチでパラメータ更新するループがあって、その外側にエポック数分だけ繰り返すループがあるイメージ。

わかった。途中にログを表示しながらそれで実装してみる。

■ Pythonインタラクティブシェルで実行（サンプルコード 5-16）

```
>>> import math
>>>
>>> # ミニバッチ数
>>> BATCH = 100
>>>
>>> for epoch in range(1, EPOCH + 1):
...     # ミニバッチ学習用にランダムなインデックスを取得
...     p = np.random.permutation(len(TX))
...     # ミニバッチの数分だけデータを取り出して学習
...     for i in range(math.ceil(len(TX) / BATCH)):
...         indice = p[i*BATCH:(i+1)*BATCH]
...         X0 = TX[indice]
...         Y  = TY[indice]
...         train(X0, Y)
```

```
...         # ログを残す
...         if epoch % 1000 == 0:
...             log = '誤差 = {:8.4f} ({:5d}エポック目)'
...             print(log.format(E(TY, TX), epoch))
```

-------------- 実行中 --------------

少し時間がかかったけど、こんなログが出力された。

```
誤差 =  69.7705 ( 1000エポック目)
誤差 =  55.0522 ( 2000エポック目)
誤差 =  44.4299 ( 3000エポック目)
                :
           (省略)
                :
誤差 =   3.2566 (29000エポック目)
誤差 =   3.1936 (30000エポック目)
```

エポックを重ねるごとに誤差が減っていってるのがわかるよね。これは学習が上手く進んでいる証拠ね。

私が書いたニューラルネットワークがちゃんと動いてる感じがして嬉しいなー！

試しになにか矩形のサイズを与えて、細長いのか細長くないのか判定させてみたら？ 判定する時は、渡すデータを標準化するのを忘れずにね。

やってみよう！

■ Pythonインタラクティブシェルで実行（サンプルコード 5-17）

```
>>> testX = standardize([
...     [100, 100], # 正方形。細長くないはず
...     [100, 10],  # 細長いはず
...     [10, 100],  # これも細長いはず
...     [80, 100]   # これは細長くないはず
>>> ])
>>>
>>> predict(testX)
array([[0.00097628],
       [0.82436398],
       [0.94022858],
       [0.00173001]])
```

あれ、えーっと……？

出力層にあるシグモイド関数が出力した結果だから、0 〜 1 の範囲に収まっていて確率とみなせるよ。

幅	高さ	ニューラルネットワークによる結果	細長い確率
100	100	0.00097628	約0.09%
100	10	0.82436398	約82.43%
10	100	0.94022858	約94.02%
80	100	0.00173001	約0.17%

表5-3

あ、なるほど。確率が返ってきてるのね。

確率のままでもいいけど、適当にしきい値を決めて0か1を返す関数を定義しておくといいよ。

やってみるね。

■ Pythonインタラクティブシェルで実行（サンプルコード 5-18）

```
>>> # 分類器
>>> def classify(X):
...     return (predict(X) > 0.8).astype(np.int)
...
>>> classify(testX)
array([[0],
       [1],
       [1],
       [0]])
```

すごい。ちゃんと正しく動いてるみたい！

学習に使ってないテストデータを適当に生成して、どれくらいの精度が出てるのか確認してみよう。

もう一度ランダムにデータを作って、それをclassify関数に与えればいいかな？

■ Pythonインタラクティブシェルで実行（サンプルコード 5-19）

```
>>> # テストデータ生成
>>> TEST_N = 1000
>>> testX = (np.random.rand(TEST_N, 2) * 1000).astype(np.int32) + 1
>>> testY = (testX.min(axis=1) / testX.max(axis=1) <= 0.2).astype(np.int)[np.newaxis].T
>>>
>>> # 精度計算
>>> accuracy = (classify(standardize(testX)) == testY).sum() / TEST_N
>>> print('精度: {}%'.format(accuracy * 100))
精度: 98.4%
```

※ここまでのプログラムは、ダウンロードファイルの「nn.py」としてまとまっています

98.4%！

うまくニューラルネットワークを実装できてそうだね。どうだった？

ニューラルネットワークを数式で理解する部分は難しいところもあったけど、その式たちを実装していってうまく動いた時は感動したよ。

そうだよね。自分で最初から実装してみると、数式で見ていた時よりも理解が深まったんじゃないかな。

理解が深まったのもそうだし、すごく面白かった！

それはよかった。

Section 3　手書き数字画像識別 畳み込みニューラルネットワーク

この勢いで畳み込みニューラルネットワークの実装も自分でやっちゃいたいなー。

せっかくだから挑戦してみよっか。

畳み込みニューラルネットワークを使うなら、やっぱり画像を扱わないとね。

何かやってみたいことがあるの？

私のWebサイトに集まってるファッション画像を使って何かしたかったけど……。何ができるかな？

うーん、どんなデータと一緒に画像が集まってるか知らないからなぁ。何かアノテーションはされてるのかな？

アノテーションって何？

機械学習の文脈だと、学習データとして使えるように集めたデータに何かしら有用な情報やラベルをつけることを言うよ。

いや、そういうの何も考えてない……。

いきなりアイデアを出すのはちょっと大変かもねぇ。

ファッション画像とは違うけど、畳み込みニューラルネットワークのチュートリアルでよく取り上げられるのは、手書きの数字画像を入力として実際に何の数字が書かれているかを予測する問題があるよ。

それってもしかしてMNISTというデータセットを使うやつ？

そう、それだよ！ 学習用に60,000枚とテスト用に10,000枚のデータが含まれてて、手書き数字画像とそれに対応する正解ラベルを集めたもの。つまりアノテーション済みのデータがあるってことね。

へぇ、すごいたくさんのデータがもう集まってるんだね。

機械学習で一番たいへんなのは実はデータを集めるところだったりするからね。こういうデータセットは貴重だよ。

ぐぅ……。機械学習したいならデータを集めるところもちゃんと考えておかないといけないってことだね。

いずれにしても、手書き文字識別の問題は畳み込みニューラルネットワークを理解するための練習としてはちょうど良いと思うよ。

うん。じゃあ、それをやってみる！

Section 3 | Step 1 | データセットの用意

まずはMNISTデータセットをダウンロードするところからはじめよう。

どこからダウンロードできるの？

Webサイト(※)からダウンロードできるよ。

ファイル名	内容
train-images-idx3-ubyte.gz	手書き数字画像（学習データ用）
train-labels-idx1-ubyte.gz	正解ラベル（学習データ用）
t10k-images-idx3-ubyte.gz	手書き数字画像（テストデータ用）
t10k-labels-idx1-ubyte.gz	正解ラベル（テストデータ用）

表5-4　※URL：http://yann.lecun.com/exdb/mnist/

じゃあ、ファイルがローカルに存在しなければダウンロードするコードを書いて、っと。

■ Pythonインタラクティブシェルで実行（サンプルコード 5-20）

```
>>> import os.path
>>> import urllib.request
>>>
```

```
>>> # MNISTデータセットをダウンロード
>>> def download_mnist_dataset(url):
...     filename = './' + os.path.basename(url)
...     if os.path.isfile(filename):
...         return
...     buf = urllib.request.urlopen(url).read()
...     with open(filename, mode='wb') as f:
...         f.write(buf)
...
>>> BASE_URL = 'http://yann.lecun.com/exdb/mnist/'
>>> filenames = [
...     'train-images-idx3-ubyte.gz',
...     'train-labels-idx1-ubyte.gz',
...     't10k-images-idx3-ubyte.gz',
...     't10k-labels-idx1-ubyte.gz'
>>> ]
>>> [download_mnist_dataset(BASE_URL + filename) for filename in filenames]
```

うん。ダウンロードできたみたい。

ファイルはgz形式で圧縮されてるんだけど、解凍した後の中身もバイナリになっていて、手書き数字画像ファイルと正解ラベルファイルのフォーマットはそれぞれこの通り。

オフセット	型	値	備考
0000	32bit integer	0×00000801（2049）	識別子
0004	32bit integer	60000	ラベル数
0008	unsigned byte	0 - 9の間	1枚目の画像の正解ラベル
0009	unsigned byte	0 - 9の間	2枚目の画像の正解ラベル
0010	unsigned byte	0 - 9の間	3枚目の画像の正解ラベル

表5-5　正解ラベルファイルのフォーマット

オフセット	型	値	備考
0000	32bit integer	0×00000803 (2051)	識別子
0004	32bit integer	60000	画像数
0008	32bit integer	28	画像の高さ
0012	32bit integer	28	画像の幅
0016	unsigned byte	0 - 255の間	1枚目1ピクセル目の画素
0017	unsigned byte	0 - 255の間	1枚目2ピクセル目の画素
0018	unsigned byte	0 - 255の間	1枚目3ピクセル目の画素

表5-6 手書き数字画像ファイルのフォーマット

ラベルの0 - 9は数字そのものを、画素の0 - 255は0が白で255が黒というグレースケールの値を、それぞれ表してる。

先頭の数バイトにヘッダの情報があるだけで、あとは全部データがつながってるのかな？

そうだね。正解ラベルファイルは先頭8バイトを飛ばして、手書き数字画像ファイルは先頭16バイトを飛ばして読み込めば、とりあえずは大丈夫。

なるほど。練習だからエラー処理なんかは必要ないよね。numpyで簡単に読み込めそう。

■ Pythonインタラクティブシェルで実行（サンプルコード 5-21）

```
>>> import numpy as np
>>> import gzip
>>>
>>> # MNISTデータセット読み込み
>>> def load_file(filename, offset):
...     with gzip.open('./' + filename + '.gz', 'rb') as f:
...         return np.frombuffer(f.read(), np.uint8, offset=offset)
...
>>> # 学習データを読み込む
>>> TX = load_file('train-images-idx3-ubyte', offset=16)
>>> TY = load_file('train-labels-idx1-ubyte', offset=8)
```

今の状態だと、画像もラベルも単純な1次元配列になっててすごく扱いにくいから体裁を整えた方がいいよ。

ん、確かにそうだね。

まず画像データの方だけど、インデックス/チャンネル/高さ/幅、の4つの次元に分割しよう。こういうイメージね。

インデックス	チャンネル	高さ	幅	値
0	0	0	0	1枚目1チャンネル目の（0,0）の位置の画素
			…	…
			27	1枚目1チャンネル目の（0,27）の位置の画素
		…		…
		27	0	1枚目1チャンネル目の（27,0）の位置の画素
			…	…
			27	1枚目1チャンネル目の（27,27）の位置の画素
1	0	0	0	2枚目1チャンネル目の（0,0）の位置の画素
			…	…
			27	2枚目1チャンネル目の（0,27）の位置の画素
		…		…
		27	0	2枚目1チャンネル目の（27,0）の位置の画素
			…	…
			27	2枚目1チャンネル目の（27,27）の位置の画素
…				

表5-7 手書き数字画像ファイルのフォーマット

チャンネルの次元って必要なの？ グレースケールだから、1つしかないんじゃない？

今後、畳み込みニューラルネットワークへの画像もしくは特徴マップなどの入力は、すべてその4次元に合わせていくようにしたいの。その方がわかりやすいでしょ？

確かに、特徴マップも入力画像も畳み込み層への入力という意味では同じものだから、統一的に扱えると良さそうだね。

それから、いま画素値は0 - 255の間の整数値になってるけど、255で割って0 - 1の範囲に収まるようにすると学習の収束が速くなるよ。

わかった。じゃあ、次元を4つに分けて255で割ればいいのね。

■ Pythonインタラクティブシェルで実行（サンプルコード 5-22）

```
>>> def convertX(X):
...     return X.reshape(-1, 1, 28, 28).astype(np.float32) / 255.0
...
>>> TX = convertX(TX)
```

次は正解ラベルの形を整えるよ。手書き数字画像の識別問題を解くということは、つまり画像を0 - 9のいずれかに分類するという話に置き換えられるよね。

あ、わかった。分類問題を解くということは、畳み込みニューラルネットワークの出力は10次元のベクトルになるから、ラベルもその形に合わせたほうがいい、ってことかな？

そうそう。正解の位置だけ1の数字が立っているようなベクトルに変換しておいてね。こういう形のベクトルは特に **one-hot ベクトル**や **1-of-K 表現**と呼ばれるから覚えておくと良いよ。

$$\boldsymbol{y}_i^{\mathrm{T}} = \begin{bmatrix} 1 & 0 & 0 & 0 & 0 & 0 & 0 & 0 & 0 & 0 \end{bmatrix} \quad \cdots\cdots 0\text{が正解の場合}$$

$$\boldsymbol{y}_i^{\mathrm{T}} = \begin{bmatrix} 0 & 1 & 0 & 0 & 0 & 0 & 0 & 0 & 0 & 0 \end{bmatrix} \quad \cdots\cdots 1\text{が正解の場合}$$

$$\vdots$$

$$\boldsymbol{y}_i^{\mathrm{T}} = \begin{bmatrix} 0 & 0 & 0 & 0 & 0 & 0 & 0 & 0 & 0 & 1 \end{bmatrix} \quad \cdots\cdots 9\text{が正解の場合}$$

(5-27)

10×10の単位行列から正解の数字のインデックスの行を抜き出せばいいかな。

■ Pythonインタラクティブシェルで実行（サンプルコード 5-23）

```
>>> def convertY(Y):
...     return np.eye(10)[Y]
...
>>> TY = convertY(TY)
```

これでデータの準備は完了ね。

でも、実際にどんな画像なのかな？ バイナリだから気軽にプレビューできないけど、試しに何枚か画像を見てみたいなぁ。

あ、そうだね。ちょっと覗いてみようか。matplotlibのimshowを使って確認できるよ。

■ Pythonインタラクティブシェルで実行（サンプルコード 5-24）

```
>>> import matplotlib.pyplot as plt
>>>
>>> # 画像表示
>>> def show_images(X):
...     COLUMN = 5
...     ROW = (len(X) - 1) // COLUMN + 1
...     fig = plt.figure()
...     for i in range(len(X)):
...         sub = fig.add_subplot(ROW, COLUMN, i + 1)
...         sub.axis('off')
...         sub.set_title('X[{}]'.format(i))
...         plt.imshow(X[i][0], cmap='gray')
...     plt.show()
...
>>> # 最初の10件を表示
>>> show_images(TX[0:10])
```

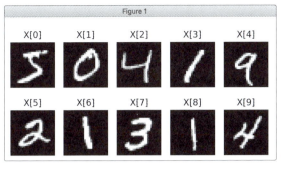

図5-2

おおっ、なるほど。こんな画像なんだね。手書き画像っぽい〜

これから、こういう画像たちが実際にどの数字を表しているのかを学習していくんだよ。少しはイメージ湧いた？

うん、イメージできる！

Section 3 Step 2 | ニューラルネットワークの構造

アスペクト比判定のニューラルネットワークを作った時と同じように、次はネットワークの構造を考えないとね。

えーっと、なにを決めればいいんだっけ。フィルタやプーリングのサイズとか、あとは層の数、全結合層のユニットの数、とか？ ハイパーパラメータいっぱいあるな……。

全部好きなように決めていいよ、と言いたいところだけどさすがにわかんないか。

あ、前に畳み込みニューラルネットワークのことを教えてもらった時に使ったのと同じ形をしたネットワークは？

そうだね。フィルタのサイズや全結合層のユニットの数は調整しないといけないけど、こんな感じの畳み込みニューラルネットワークにしよう。

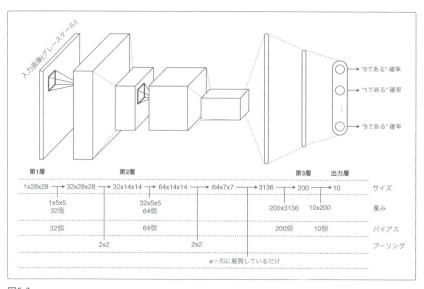

図5-3

よーし、ネットワークの構造が決まったから、重みとバイアスの準備ね。

図5-3から必要なパラメータは分かると思うけど、各パラメータの形についてはこの通りの次元で準備してね。

畳み込み層	フィルタ重み	4次元	フィルタ数×チャンネル×高さ×幅
	バイアス	1次元	フィルタ数
全結合層	重み行列	2次元	次の層のユニット数×前の層のユニット数
	バイアス	1次元	次の層のユニット数

表5-8

今回も乱数で適当に初期化する、でいいのかな？

いや、最初に実装した簡単な全結合ニューラルネットワークに比べて、この畳み込みニューラルネットワークはもう少し複雑だから、重みの初期化をちょっと工夫しようと思ってた。

えっ、乱数で初期化しないってこと？

正規分布に従う乱数でいいんだけど、分散を指定してあげようと思ってる。

畳み込み層	フィルタ重み	平均 0、分散 $\dfrac{2}{\text{チャンネル} \times \text{高さ} \times \text{幅}}$ に従う正規分布で初期化
	バイアス	すべて 0 で初期化
全結合層	重み行列	平均 0、分散 $\dfrac{2}{\text{前の層のユニット数}}$ に従う正規分布で初期化
	バイアス	すべて 0 で初期化

表5-9

今回は畳み込みニューラルネットワークを実装すること、そして活性化関数に ReLU を使う予定であること、を加味してこの方法を選んだ。

へ、へぇ……。なんでその分散を指定すればいいのかは全然わからないんだけど、とにかくそれで初期化すればいいんだね。

スクラッチで複雑なニューラルネットワークを実装する場合、重みの初期化というのは実は結構重要な問題でね。間違うと収束しなかったり発散してしまったりする。

そうなんだ。どうでも良さそうな部分だけど、ちゃんと考えないといけないんだね。

私が選んだのは Kaiming He という人たちが論文で提案した方法[※]だけど、他にも初期化の方法はあるし、向き不向きがあるから気をつけてね。

※ https://arxiv.org/abs/1502.01852

分散を指定して正規分布の乱数を作る時は、標準正規分布に従う乱数を生成するnumpyのrandn関数に、表5-9で指定した分散の平方根である標準偏差を掛けてあげるといいよ。

なるほど。じゃあ、各パラメータの形と初期化の方法はわかったから、それぞれ準備するね。

■ Pythonインタラクティブシェルで実行 (サンプルコード 5-25)

```
>>> import math
>>>
>>> # (学習に再現性をもたせるためにシードを固定しています。本来は不要です)
>>> np.random.seed(0)
>>>
>>> W1 = np.random.randn( 32,  1, 5, 5)     * math.sqrt(2 / (  1 * 5 * 5))
>>> W2 = np.random.randn( 64, 32, 5, 5)     * math.sqrt(2 / ( 32 * 5 * 5))
>>> W3 = np.random.randn(200, 64 * 7 * 7)   * math.sqrt(2 / ( 64 * 7 * 7))
>>> W4 = np.random.randn( 10, 200)          * math.sqrt(2 / 200)
>>> b1 = np.zeros(32)
>>> b2 = np.zeros(64)
>>> b3 = np.zeros(200)
>>> b4 = np.zeros(10)
```

よし。ちょっと前準備が長かったけど、これから畳み込みニューラルネットワークの実装に入っていこう。

Section 3 Step 3 順伝播

まずは順伝播の畳み込み処理から！ これだよね、この3重シグマ……。

$$z^{(k)}_{(i,j)} = \sum_{c=1}^{C}\sum_{u=1}^{m}\sum_{v=1}^{m} w^{(k)}_{(c,u,v)} x_{(c,i+u-1,j+v-1)} + b^{(k)} \tag{5-28}$$

学習データが n 個あるとして、すべての (i,j) の位置に対して K 個のフィルタがあって、それぞれ $C \times m \times m$ 回の掛け算と足し算が必要なんだよね。素朴に実装するとすれば n, i, j, k, c, u, v の7重ループ……？

■ **Pythonインタラクティブシェルで実行**（サンプルコード 5-26）

```
>>> for n range(X.shape[0]):
...     for i range(X.shape[2]):
...         for j range(X.shape[3]):
...             for k range(W.shape[0]):
...                 for c range(W.shape[1]):
...                     for u range(W.shape[2]):
...                         for v range(W.shape[3]):
...                             z[n,k,i,j] += w[k,c,v,u] * x[n,c,i+u,i+v] + b[k]
```

さすがにこれは計算量的に無いなぁ……。

畳み込み処理も、行列積を使ってうまく処理できるように考えてみよう。

うーん、まあ行列積を使うのかなぁ、とはなんとなく思ってたけど、でもどうすれば……？

たとえば入力が3×5×5、フィルタのサイズが3×2×2として、こんな風に左上から順番にフィルタをずらしながら、フィルタが適用されるべき入力のユニットを取り出すことを考えてみる。

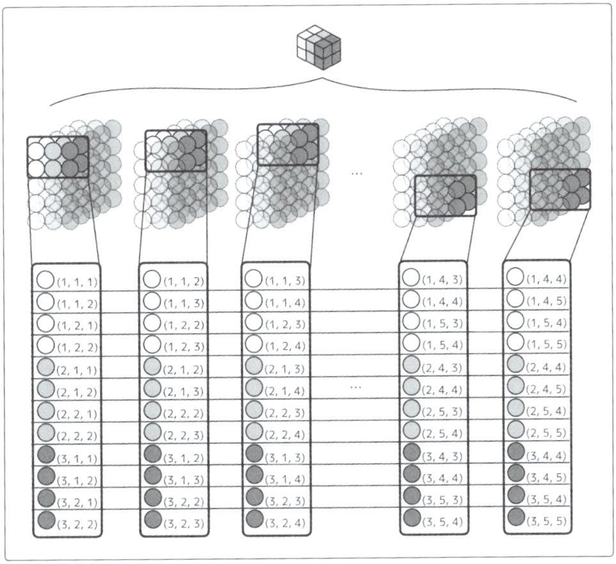

図5-4

この時点ではフィルタの計算はしてなくて、ただ要素を取り出してるだけ?

そう、まだ計算はしてない。この方法でユニットを抽出すると 12 (= 3・2・2) × 16 (= 4・4) の行列が作られることになるよね。

$$\boldsymbol{X}_{col} = \begin{bmatrix} x_{(1,1,1)} & x_{(1,1,2)} & x_{(1,1,3)} & \cdots & x_{(1,4,3)} & x_{(1,4,4)} \\ x_{(1,1,2)} & x_{(1,1,3)} & x_{(1,1,4)} & \cdots & x_{(1,4,4)} & x_{(1,4,5)} \\ \vdots & \vdots & \vdots & & \vdots & \vdots \\ x_{(3,2,1)} & x_{(3,2,2)} & x_{(3,2,3)} & \cdots & x_{(3,5,3)} & x_{(3,5,4)} \\ x_{(3,2,2)} & x_{(3,2,3)} & x_{(3,2,4)} & \cdots & x_{(3,5,4)} & x_{(3,5,5)} \end{bmatrix}$$

(5-29)

この操作は、画像からユニットを取り出して列として並べてる様子から「im2col 変換」と言われることが多くて、この変換後の形の行列のことを便宜的にcol形式と呼ぶことにする。

画像から列を作るからImage to columnを略してim2col変換で、それによってできあがった行列は列が集まったものだからcol形式、という理解でいい?

うん、そのつもり。それでね、このcol形式の行列を使えばフィルタの重みとの行列積がうまく計算できるようになる。

でもフィルタの重みって4次元だよね。どうやって $\boldsymbol{X}_{col}$ と $\boldsymbol{W}$ を掛け算するの?

各フィルタの重みを縦に並べた行列を作ってあげるといいよ。たとえば3×2×2のフィルタが3個ある場合はこんな風に……。

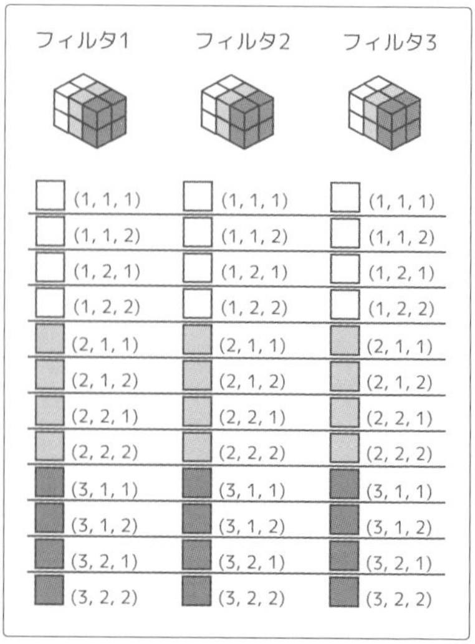

図5-5

つまり、こういう行列？

$$W_{col} = \begin{bmatrix} w^{(1)}_{(1,1,1)} & w^{(2)}_{(1,1,1)} & x^{(3)}_{(1,1,1)} \\ w^{(1)}_{(1,1,2)} & w^{(2)}_{(1,1,2)} & x^{(3)}_{(1,1,2)} \\ \vdots & \vdots & \vdots \\ w^{(1)}_{(3,2,1)} & w^{(2)}_{(3,2,1)} & x^{(3)}_{(3,2,1)} \\ w^{(1)}_{(3,2,2)} & w^{(2)}_{(3,2,2)} & x^{(3)}_{(3,2,2)} \end{bmatrix} \quad (5\text{-}30)$$

うん。そのフィルタの重み行列に対して X_{col} を転置したものを掛けて、さらにバイアスを足してあげる。

$$X_{col}^{\mathrm{T}} W_{col} + B$$

$$= \begin{bmatrix} x_{(1,1,1)} & x_{(1,1,2)} & \cdots & x_{(3,2,1)} & x_{(3,2,2)} \\ x_{(1,1,2)} & x_{(1,1,3)} & \cdots & x_{(3,2,2)} & x_{(3,2,3)} \\ x_{(1,1,3)} & x_{(1,1,4)} & \cdots & x_{(3,2,3)} & x_{(3,2,4)} \\ \vdots & \vdots & & \vdots & \vdots \\ x_{(1,4,3)} & x_{(1,4,4)} & \cdots & x_{(3,5,3)} & x_{(3,5,4)} \\ x_{(1,4,4)} & x_{(1,4,5)} & \cdots & x_{(3,5,4)} & x_{(3,5,5)} \end{bmatrix} \begin{bmatrix} w^{(1)}_{(1,1,1)} & w^{(2)}_{(1,1,1)} & x^{(3)}_{(1,1,1)} \\ w^{(1)}_{(1,1,2)} & w^{(2)}_{(1,1,2)} & x^{(3)}_{(1,1,2)} \\ \vdots & \vdots & \vdots \\ w^{(1)}_{(3,2,1)} & w^{(2)}_{(3,2,1)} & x^{(3)}_{(3,2,1)} \\ w^{(1)}_{(3,2,2)} & w^{(2)}_{(3,2,2)} & x^{(3)}_{(3,2,2)} \end{bmatrix}$$

$$+ \begin{bmatrix} b_1 & b_2 & b_3 \\ b_1 & b_2 & b_3 \\ b_1 & b_2 & b_3 \\ \vdots & \vdots & \vdots \\ b_1 & b_2 & b_3 \\ b_1 & b_2 & b_3 \end{bmatrix} \quad (5\text{-}31)$$

これを計算してあげると、結果的に式5-28の $z^{(k)}_{(i,j)}$ が各要素となる行列 Z ができあがる。

$$Z = X_{col}^{\mathrm{T}} W_{col} + B \quad (5\text{-}32)$$

うーん、確かにうまく全部が計算できてそうだ。すごい……。

実際、学習データは複数あるから、col形式の行列を転置した画像データを縦に並べて複数データをまとめて計算することになるね。

$$
\boldsymbol{X}_{col}^{\mathrm{T}} = \begin{bmatrix} \boldsymbol{X}_{col,1}^{\mathrm{T}} \\ \boldsymbol{X}_{col,2}^{\mathrm{T}} \\ \boldsymbol{X}_{col,3}^{\mathrm{T}} \\ \vdots \end{bmatrix} = \begin{bmatrix} x_{(1,1,1)} & x_{(1,1,2)} & \cdots & x_{(3,2,1)} & x_{(3,2,2)} \\ x_{(1,1,2)} & x_{(1,1,3)} & \cdots & x_{(3,2,2)} & x_{(3,2,3)} \\ x_{(1,1,3)} & x_{(1,1,4)} & \cdots & x_{(3,2,3)} & x_{(3,2,4)} \\ \vdots & \vdots & & \vdots & \vdots \\ x_{(1,4,3)} & x_{(1,4,4)} & \cdots & x_{(3,5,3)} & x_{(3,5,4)} \\ x_{(1,4,4)} & x_{(1,4,5)} & \cdots & x_{(3,5,4)} & x_{(3,5,5)} \\ \hline x_{(1,1,1)} & x_{(1,1,2)} & \cdots & x_{(3,2,1)} & x_{(3,2,2)} \\ x_{(1,1,2)} & x_{(1,1,3)} & \cdots & x_{(3,2,2)} & x_{(3,2,3)} \\ x_{(1,1,3)} & x_{(1,1,4)} & \cdots & x_{(3,2,3)} & x_{(3,2,4)} \\ \vdots & \vdots & & \vdots & \vdots \\ x_{(1,4,3)} & x_{(1,4,4)} & \cdots & x_{(3,5,3)} & x_{(3,5,4)} \\ x_{(1,4,4)} & x_{(1,4,5)} & \cdots & x_{(3,5,4)} & x_{(3,5,5)} \\ \hline x_{(1,1,1)} & x_{(1,1,2)} & \cdots & x_{(3,2,1)} & x_{(3,2,2)} \\ x_{(1,1,2)} & x_{(1,1,3)} & \cdots & x_{(3,2,2)} & x_{(3,2,3)} \\ x_{(1,1,3)} & x_{(1,1,4)} & \cdots & x_{(3,2,3)} & x_{(3,2,4)} \\ \vdots & \vdots & & \vdots & \vdots \\ x_{(1,4,3)} & x_{(1,4,4)} & \cdots & x_{(3,5,3)} & x_{(3,5,4)} \\ x_{(1,4,4)} & x_{(1,4,5)} & \cdots & x_{(3,5,4)} & x_{(3,5,5)} \\ \vdots & \vdots & & \vdots & \vdots \end{bmatrix} \begin{matrix} \\ \\ \text{画像1} \\ \\ \\ \\ \\ \\ \text{画像2} \\ \\ \\ \\ \\ \\ \text{画像3} \\ \\ \\ \\ \end{matrix}
$$

(5-33)

すると結果の $\boldsymbol{Z}$ も、データごとに縦に並んだ行列になる。

$$
\boldsymbol{Z} = \begin{bmatrix} \boldsymbol{Z}_1 \\ \boldsymbol{Z}_2 \\ \boldsymbol{Z}_3 \\ \vdots \end{bmatrix}
$$

(5-34)

このやり方だと行列の積として計算できるけど、col形式って重複するユニットがあるから、メモリ効率としては少し冗長になりそうだね。

うん。でも、im2col変換の処理やメモリ効率のことを加味しても、サンプルコード 5-26 のようにループを重ねるよりは圧倒的に効率的だよ。

まあ行列で計算できた方が総合的に見て効率が良さそうだよね。numpyの行列演算は最適化されていて高速だって聞くしね。

ということで、これまでのim2col変換についての実装を書いてみた。この`im2col`関数は、転置済みの式 5-33 の形をした行列を返すようにしてるから畳み込みの演算にはこれをそのまま使えると思うよ。

■ Pythonインタラクティブシェルで実行（サンプルコード 5-27）

```
>>> # 畳み込み後の特徴マップのサイズの計算
>>> def output_size(input_size, filter_size, stride_size=1, padding_size=0):
...     return (input_size - filter_size + 2 * padding_size) // stride_size + 1
...
>>> # im形式からcol形式へ変換
>>> # ----------------------
>>> #
>>> # im: (画像数×チャンネル×高さ×幅) の形をした変換前画像
>>> # fh: フィルタの高さ
>>> # fw: フィルタの幅
>>> # s: ストライド
>>> # p: パディング
>>> #
>>> # 戻り値: (画像数分の特徴マップの縦横サイズ×フィルタのサイズ) の形をした行列
>>> def im2col(im, fh, fw, s=1, p=0):
...     # 畳み込み後の特徴マップのサイズの計算
...     N, IC, IH, IW = im.shape
...     OH, OW = output_size(IH, fh, s, p), output_size(IW, fw, s, p)
...     # ゼロパディング
...     if p > 0:
...         im = np.pad(im, [(0,0), (0,0), (p,p), (p,p)], mode='constant')
...     # im形式からcol形式へコピー
...     col = np.zeros([N, fh * fw, IC, OH, OW])
...     for h in range(fh):
```

```
...            for w in range(fw):
...                col[:, h*fw+w] = im[:, :, h:h+(OH*s):s, w:w+(OW*s):s]
...     return col.transpose(0, 3, 4, 2, 1).reshape(N * OH * OW, IC * fh * fw)
```

コピーの部分は効率化のために少し工夫をしてるから分かりにくいかもしれないけど、イメージとしてはこんな風にまとめてコピーしてる感じ。

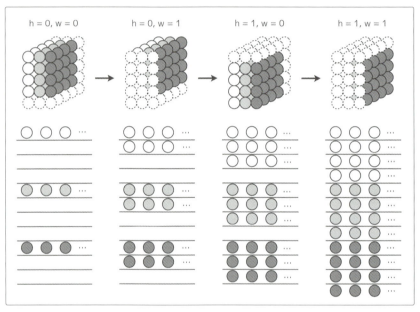

図5-6

おぉ、これはありがたい！ じゃあ変換はこの`im2col`関数を使うとして、あとはフィルタの重みを変換するための関数も作らないとね。

重みは`reshape`するだけでいいよ。

ん、あ……。そっか。そうだね。じゃ、簡単か。

$X_{col}^{\mathrm{T}} W_{col} + B$ を計算することで Z が求まるけど、最後に画像数×チャンネル×高さ×幅、の形に戻しておいてね。

わかった。その辺を意識して畳み込みの実装を書いてみる。

■ Pythonインタラクティブシェルで実行（サンプルコード 5-28）

```
>>> # 畳み込み
>>> def convolve(X, W, b, s=1, p=0):
...     # 畳み込み後の特徴マップのサイズの計算
...     N, IC, IH, IW = X.shape
...     K, KC, FH, FW = W.shape
...     OH, OW = output_size(IH, FH, s, p), output_size(IW, FW, s, p)
...     # 行列積で計算できるようにXとWを変形
...     X = im2col(X, FH, FW, s, p)
...     W = W.reshape(K, KC * FH * FW).T
...     # 畳み込みの計算
...     Z = np.dot(X, W) + b
...     # 画像数×チャンネル×高さ×幅の並びに戻す
...     return Z.reshape(N, OH, OW, K).transpose(0, 3, 1, 2)
```

いいと思うよ。

畳み込んだ後は活性化関数のReLUに通すんだったよね？

$$a_{(i,j)}^{(k)} = \max(0, z_{(i,j)}^{(k)}) \tag{5-35}$$

（式4-9より）

ReLUの実装が必要だね。

これは簡単そうだ。

■ **Pythonインタラクティブシェルで実行**（サンプルコード 5-29）

```
>>> # ReLU関数
>>> def relu(X):
...     return np.maximum(0, X)
```

続けてプーリングね。

プーリングの処理も `im2col` 関数を使って col 形式に変換することで、最大値を選びやすくなるよ。アプローチはこう。

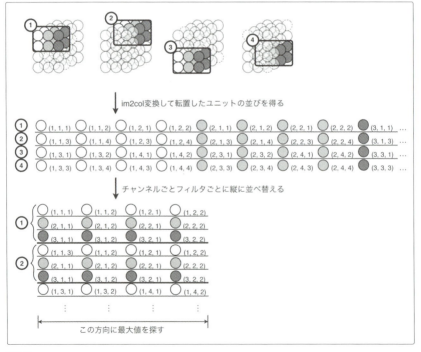

図5-7

そうか、プーリングも2×2のフィルタをストライド2で適用していくと考えれば、畳込みの時と同じようにim2col変換できるんだね。

重みとの掛け算じゃなくて最大値を選ぶ、という操作の違いはあるけど、フィルタの動かし方は同じだからね。

なるほどな〜

プーリングによって選ばれたユニットのインデックスは、逆伝播の時に使うから保持できるようにしておいてね。それから、プーリング後のデータもこれまでと同じように画像数×チャンネル×高さ×幅の形に戻しておく。

わかった。じゃあ、ミオのアプローチに従って実装するとすれば、こんな感じかな……。インデックスも一緒に返してあげる。

■Pythonインタラクティブシェルで実行（サンプルコード 5-30）

```
>>> # Max Pooling
>>> def max_pooling(X, fh, fw):
...     # 畳み込み後の特徴マップのサイズの計算
...     N, IC, IH, IW = X.shape
...     OH, OW = output_size(IH, fh, fh), output_size(IW, fw, fw)
...     # 最大値を選びやすいように形を変更
...     X = im2col(X, fh, fw, fh).reshape(N * OH * OW * IC, fh * fw)
...     # 最大値とそのインデックスを計算
...     P  = X.max(axis=1)
...     PI = X.argmax(axis=1)
...     return P.reshape(N, OH, OW, IC).transpose(0, 3, 1, 2), PI
```

うん、それでよさそう。これで畳み込みの処理に関連する実装は完了したかな。

ここまでくれば、あとは全結合層とつなぐだけだよね。

出力層の活性化関数としてソフトマックス関数を使うから、それだけ実装しないとね。

$$f(x_i) = \frac{\exp(x_i)}{\sum_j \exp(x_j)} \qquad (5\text{-}36)$$

（式4-14より）

あ、そうだった。ソフトマックス関数を忘れてた。

ソフトマックス関数自体の実装は簡単なんだけど、$\exp(x)$ってxが少し大きな値になっただけで簡単にオーバーフローしてしまうから少し実装を工夫しよう。

$\exp(x)$ってe^xのことだよね。確かに指数部分のxが増えれば、e^xそれ自体の値はどんどん大きくなりそうだね。

そう、だからベクトル$\boldsymbol{x}$の要素中の最大値を、あらかじめ各x_iから引いてからソフトマックス関数の計算をすると簡単にオーバーフローが防げる。

ソフトマックス関数は前にも言ったように割合の計算をしているわけだから、全体から同じ数を足したり引いたりしても結果は同じになることを利用したテクニックね。

最大値を引いてからソフトマックス関数の計算ね。わかった。

■ Pythonインタラクティブシェルで実行（サンプルコード 5-31）

```
>>> # Softmax関数
>>> def softmax(X):
...     # 最大値を各要素から引いてexpの計算によるオーバーフローを防ぐ
...     N = X.shape[0]
...     X = X - X.max(axis=1).reshape(N, -1)
...     # Softmax関数の計算
...     return np.exp(X) / np.exp(X).sum(axis=1).reshape(N, -1)
```

うん、これで畳み込みニューラルネットワークの順伝播が実装できそうだね。

全結合層の部分は、最初にやったアスペクト比判定ニューラルネットワークのforwardの処理とまったく同じでいいんだっけ？

そうだね。全結合層とつなぐ前に、プーリング後の特徴マップを1列に展開する処理が必要だけど、それもreshapeで形を変えるだけでいいし、あとは同じでいいよ。

よーし、じゃあ畳み込み層が2つ、一列に展開する処理が1つ、全結合層が2つ、そして最後に出力層のソフトマックス関数を通せばいいね。

■ Pythonインタラクティブシェルで実行（サンプルコード 5-32）

```
>>> # 順伝播
>>> def forward(X0):
...     # 畳み込み層1
...     Z1 = convolve(X0, W1, b1, s=1, p=2)
...     A1 = relu(Z1)
...     X1, PI1 = max_pooling(A1, fh=2, fw=2)
...     # 畳み込み層2
...     Z2 = convolve(X1, W2, b2, s=1, p=2)
...     A2 = relu(Z2)
...     X2, PI2 = max_pooling(A2, fh=2, fw=2)
...     # 1列に展開
...     N = X2.shape[0]
...     X2 = X2.reshape(N, -1)
...     # 全結合層
...     Z3 = np.dot(X2, W3.T) + b3
...     X3 = relu(Z3)
...     # 出力層
...     Z4 = np.dot(X3, W4.T) + b4
...     X4 = softmax(Z4)
...     return Z1, X1, PI1, Z2, X2, PI2, Z3, X3, X4
```

これで順伝播は実装完了ね。

数式を追いかけてた時は全然考えなかったけど、いざ実装となると全結合のニューラルネットワーク以上に効率を考えないといけない部分が多いね。

畳み込みニューラルネットワークは特に計算量が多いアルゴリズムだからね。

そうそう、その計算量を減らすために行列の掛け算ができる形にもっていくのがなぁ。あんなの自分じゃ思いつかない。

私も最初から全部わかってたわけじゃないし、少しずつ確実に慣れていけばいいよ。

Section	Step
3	4

逆伝播

次は逆伝播を実装していこう。

活性化関数の微分が必要だろうから、最初にReLU関数の微分から実装した方がいいかな？

そうだね。ReLUは数学的には0の位置で微分できないんだけど、実用的にはこの式を使っていいよ。

$$\frac{df(x)}{dx} = \begin{cases} 1 & (x > 0) \\ 0 & (x \leq 0) \end{cases}$$

(5-37)

その式をそのまま実装すればいいんだったら難しくないね。

■ Pythonインタラクティブシェルで実行（サンプルコード 5-33）

```
>>> # ReLUの微分
>>> def drelu(x):
...     return np.where(x > 0, 1, 0)
```

うん、それでいいよ。

デルタは後ろの層から順番に実装していくといいかな？

そうだね。一番うしろの全結合出力層から。これはとても単純な式だったよね。

$$\delta_i^{(4)} = -t_i + y_i \qquad (5\text{-}38)$$

（式4-34より）

うんうん。それは実装も簡単。

■ Pythonインタラクティブシェルで実行（サンプルコード 5-34）

```
>>> # 出力層のデルタ
>>> def delta_output(T, Y):
...     return -T + Y
```

次に、隠れ層のデルタを実装していこう。全結合層の隠れ層、そして全結合層に接続される畳み込み層、の2つのデルタから考えていこうと思うけど、この2層のデルタはそれぞれこんな式で計算できたよね。

$$\delta_i^{(3)} = a'^{(3)}(z_i^{(3)}) \sum_{q=1}^{10} \delta_q^{(4)} w_{qi}^{(4)} \quad \cdots\cdots 隠れ層$$

$$\delta_{(i,j)}^{(k,2)} = a'^{(2)}(z_{(i,j)}^{(k,2)}) \sum_{q=1}^{200} \delta_q^{(3)} w_{(q,k,i,j)}^{(3)} \quad \cdots\cdots 全結合層に接続される畳み込み層 \qquad (5\text{-}39)$$

（式4-57より）

これらは添え字の関係でそれぞれ別の式で表していたけど、実装は2つに分ける必要はなくて同じ方法で計算できるから、まとめちゃおう。

あれ、そうだっけ？

畳み込み層から全結合層に接続される部分に関しては、画像数×チャンネル×高さ×幅の形になっていた特徴マップを一列に展開したよね。それはつまり、添え字が振り直されているということ。

あっ、そうか。その時に事実上k, i, jの添え字が$p_n^{(3)}$のように連番として振り直されて、結果的に全結合隠れ層の添え字と同じ形になったことになるのか。

そういうこと。重みも同じことで、第3層の重みは表記上$w_{(q,k,i,j)}$としてはいるけど、実際のメモリ上には$w_{(q,n)}$という添え字でアクセスすると考えた方が良いよね。

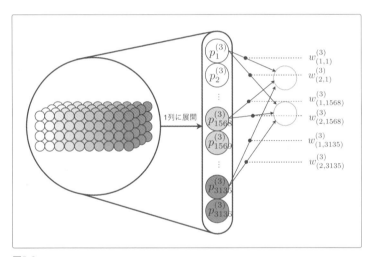

図5-8

なるほどな〜。添え字だけを見るんじゃなくて、ちゃんと意味を考えないといけないね。

うん、だから同じ実装で問題ないの。

ということは、アスペクト比判定ニューラルネットワークの時に実装したのを使いまわせそうだね。

ただ、畳み込みニューラルネットワークでは活性化関数にシグモイド関数ではなくてReLU関数を使ってるから、そこだけ変えておいてね。

うん。サンプルコード5-9のdsigmoidをdreluに変えるだけでいいよね。

■ Pythonインタラクティブシェルで実行（サンプルコード 5-35）

```
>>> # 隠れ層のデルタ
>>> def delta_hidden(Z, D, W):
...     return drelu(Z) * np.dot(D, W)
```

最後に畳み込み層に接続される畳み込み層のデルタだね。

$$\delta^{(k,1)}_{(i,j)} = a'^{(1)}(z^{(k,1)}_{(i,j)}) \sum_{q=1}^{64} \sum_{r=1}^{5} \sum_{s=1}^{5} \delta^{(q,2)}_{(p_i-r+1,p_j-s+1)} w^{(q,2)}_{(k,r,s)} \tag{5-40}$$

（式4-57より）

また来た、3重のシグマ。これも行列で計算できるんだよね……？

もちろん。少し工夫が必要だけど、これもうまく行列積で一気に計算できるよ。

式5-28の時も3重のシグマだったけど、この時はim2col変換をして計算したよね。今回も何かをim2col変換して計算する？

惜しい。今回はim2col変換の逆の操作、つまりcol形式になっているものをim形式に戻してあげる、いわゆるcol2im変換の操作をすることになる。

へえ、逆の操作……。

まず、第2層のデルタとフィルタの重みを適切な形に変形した上で、それらの行列を掛け算してこういう行列を得る。

$$\begin{bmatrix} \delta^{(1,2)}_{(1,1)} & \delta^{(2,2)}_{(1,1)} & \cdots & \delta^{(63,2)}_{(1,1)} & \delta^{(64,2)}_{(1,1)} \\ \delta^{(1,2)}_{(1,2)} & \delta^{(2,2)}_{(1,2)} & \cdots & \delta^{(63,2)}_{(1,2)} & \delta^{(64,2)}_{(1,2)} \\ \delta^{(1,2)}_{(1,3)} & \delta^{(2,2)}_{(1,3)} & \cdots & \delta^{(63,2)}_{(1,3)} & \delta^{(64,2)}_{(1,3)} \\ \vdots & \vdots & & \vdots & \vdots \\ \delta^{(1,2)}_{(14,13)} & \delta^{(2,2)}_{(14,13)} & \cdots & \delta^{(63,2)}_{(14,13)} & \delta^{(64,2)}_{(14,13)} \\ \delta^{(1,2)}_{(14,14)} & \delta^{(2,2)}_{(14,14)} & \cdots & \delta^{(63,2)}_{(14,14)} & \delta^{(64,2)}_{(14,14)} \end{bmatrix} \begin{bmatrix} w^{(1,2)}_{(1,1,1)} & w^{(1,2)}_{(1,1,2)} & \cdots & w^{(1,2)}_{(32,5,4)} & w^{(1,2)}_{(32,5,5)} \\ w^{(2,2)}_{(1,1,1)} & w^{(2,2)}_{(1,1,2)} & \cdots & w^{(2,2)}_{(32,5,4)} & w^{(2,2)}_{(32,5,5)} \\ \vdots & \vdots & & \vdots & \vdots \\ w^{(63,2)}_{(1,1,1)} & w^{(63,2)}_{(1,1,2)} & \cdots & w^{(63,2)}_{(32,5,4)} & w^{(63,2)}_{(32,5,5)} \\ w^{(64,2)}_{(1,1,1)} & w^{(64,2)}_{(1,1,2)} & \cdots & w^{(64,2)}_{(32,5,4)} & w^{(64,2)}_{(32,5,5)} \end{bmatrix}$$

$$= \begin{bmatrix} \sum_{q=1}^{64} \delta^{(q,2)}_{(1,1)} w^{(q,2)}_{(1,1,1)} & \sum_{q=1}^{64} \delta^{(q,2)}_{(1,1)} w^{(q,2)}_{(1,1,2)} & \cdots & \sum_{q=1}^{64} \delta^{(q,2)}_{(1,1)} w^{(q,2)}_{(32,5,4)} & \sum_{q=1}^{64} \delta^{(q,2)}_{(1,1)} w^{(q,2)}_{(32,5,5)} \\ \sum_{q=1}^{64} \delta^{(q,2)}_{(1,2)} w^{(q,2)}_{(1,1,1)} & \sum_{q=1}^{64} \delta^{(q,2)}_{(1,2)} w^{(q,2)}_{(1,1,2)} & \cdots & \sum_{q=1}^{64} \delta^{(q,2)}_{(1,2)} w^{(q,2)}_{(32,5,4)} & \sum_{q=1}^{64} \delta^{(q,2)}_{(1,2)} w^{(q,2)}_{(32,5,5)} \\ \vdots & \vdots & & \vdots & \vdots \\ \sum_{q=1}^{64} \delta^{(q,2)}_{(14,13)} w^{(q,2)}_{(1,1,1)} & \sum_{q=1}^{64} \delta^{(q,2)}_{(14,13)} w^{(q,2)}_{(1,1,2)} & \cdots & \sum_{q=1}^{64} \delta^{(q,2)}_{(14,13)} w^{(q,2)}_{(32,5,4)} & \sum_{q=1}^{64} \delta^{(q,2)}_{(14,13)} w^{(q,2)}_{(32,5,5)} \\ \sum_{q=1}^{64} \delta^{(q,2)}_{(14,14)} w^{(q,2)}_{(1,1,1)} & \sum_{q=1}^{64} \delta^{(q,2)}_{(14,14)} w^{(q,2)}_{(1,1,2)} & \cdots & \sum_{q=1}^{64} \delta^{(q,2)}_{(14,14)} w^{(q,2)}_{(32,5,4)} & \sum_{q=1}^{64} \delta^{(q,2)}_{(14,14)} w^{(q,2)}_{(32,5,5)} \end{bmatrix}$$

(5-41)

お、なんか、式5-40の一番外側のシグマだけできあがった感じだね。

ちょっとわかりにくいと思うけど、この行列、実はim2col関数が出力するのと同じ形をしているの。

ん、そうなの……？ えっとim2col関数が出力する行列は……。

私が書いたサンプルコード5-27だと、im2col関数の戻り値はN * OH * OW×IC * fh * fwという形にreshapeしてるよね。

要は縦に特徴マップのサイズ分の要素が並んでて、横にフィルタのサイズ分の要素が並んでる、という状態ね。

んー……。なるほど、よく見ると式5-41の最後の行列もそれと同じ形になってそうだね。

そのcol形式の行列をim形式に戻す関数としてcol2imを実装したのがコレ。

■ Pythonインタラクティブシェルで実行（サンプルコード 5-36）

```
>>> # col形式からim形式へ変換
>>> # ----------------------
>>> #
>>> # col: col形式のデータ
>>> # im_shape: im形式に戻した時の（画像数 x チャンネル x 高さ x 幅）のサイズを指定
>>> # fh: フィルタの高さ
>>> # fw: フィルタの幅
>>> # s: ストライド
>>> # p: パディング
>>> #
>>> # 戻り値: im_shapeに指定したサイズの形をした行列
>>> def col2im(col, im_shape, fh, fw, s=1, p=0):
...     # 畳み込み後の特徴マップの縦横サイズ
...     N, IC, IH, IW = im_shape
...     OH, OW = output_size(IH, fh, s, p), output_size(IW, fw, s, p)
...     # ストライドとパディングを考慮してim形式用にメモリを確保
...     im = np.zeros([N, IC, IH + 2 * p + s - 1, IW + 2 * p + s - 1])
...     # col形式からim形式へ戻す。重複した要素は足す
...     col = col.reshape(N, OH, OW, IC, fh * fw).transpose(0, 4, 3, 1, 2)
...     for h in range(fh):
...         for w in range(fw):
...             im[:, :, h:h+(OH*s):s, w:w+(OW*s):s] += col[:, h*fw+w]
...     # パディング部分は不要なので切り捨てて返す
...     return im[:, :, p:IH+p, p:IW+p]
```

基本的にim2col関数と逆のことをしているだけで、コピーの概要もコピーの方法も図5-4や図5-6を逆にしたと考えて良いよ。

じゃあ、im形式に戻す処理はこれをそのまま使えそうだね。im形式に戻した後はどうすればいいの？

それで終わりだよ。この`col2im`でcol形式の式5-41をim形式に戻すと、その各要素が式5-40の3重シグマの部分になってる。

お、そうなんだ。じゃあ、式5-40の計算をするためには、まず式5-41を計算して、その結果を`col2im`関数に渡せばいいのかな？

そうだね。`col2im`関数の結果にReLU関数の微分を掛けてあげるのを忘れないでね。

あっ、完全に忘れてた……。ありがとう。

■ **Pythonインタラクティブシェルで実行**（サンプルコード5-37）

```
>>> # 畳み込み層のデルタ
>>> def delta_conv(P, D, W, s, p):
...     N, DC, DH, DW = D.shape
...     K, KC, FH, FW = W.shape
...     # 行列を適切に変形してcol形式を作る
...     D = D.transpose(0, 2, 3, 1).reshape(N * DH * DW, DC)
...     W = W.reshape(K, KC * FH * FW)
...     col_D = np.dot(D, W)
...     # col形式からim形式に戻してデルタを計算
...     return drelu(P) * col2im(col_D, P.shape, FH, FW, s, p)
```

うん。この実装で大丈夫だと思う！　これですべての層のデルタが計算できるようになったね。

あとは、これまで実装してきたデルタの関数を、出力層から順番に計算して逆伝播させる関数`backward`を作ればいいよね。

あ、ちょっと待って。全体の逆伝播を実装する前に、先にプーリングの逆伝播を実装しよう。

あー、プーリングを通過できなかったユニットのデルタは全部0にするんだったっけ。

そうそう。逆伝播と言っても具体的なデルタの計算はする必要はなくて、プーリング処理で消えたユニットの位置を0で埋めるだけだね。

この処理のために、プーリングの計算をした時にどこが選ばれたのかのインデックスも保存してたわけか。

そういうこと。戻し方なんだけど、図5-7の処理を逆向きにしていくイメージね。

・フィルタの高さ×幅ごとにユニットを縦に並べてゼロ埋めする
・プーリングで選ばれたインデックスの位置にデルタを戻す
・それをcol2im変換してim形式に戻す

という流れで処理すれば、消えたユニットが0で埋められた状態に戻すような、プーリングの逆伝播ができるよ。

わかった。それで実装してみる。

■ **Python インタラクティブシェルで実行**（サンプルコード 5-38）

```
>>> # MaxPoolingの逆伝播
>>> def backward_max_pooling(im_shape, PI, D, f, s):
...     # フィルタの高さ x 幅ごとにユニットを縦に並べてゼロ埋めする
...     N, C, H, W = im_shape
...     col_D = np.zeros(N * C * H * W).reshape(-1, f * f)
...     # プーリングで選ばれたインデックスの位置にデルタを戻す
...     col_D[np.arange(PI.size), PI] = D.flatten()
...     # それを col2im 変換して im 形式に戻す
...     return col2im(col_D, im_shape, f, f, s)
```

もう他に実装するものってないよね。逆伝播のコード書いてみていいかな？

いいよ。出力層、全結合層、全結合層、プーリング層、畳み込み層、プーリング層、の順番で逆伝播させていこう。

今まで作ってきた関数を順番に呼び出せばいいよね。

■ **Pythonインタラクティブシェルで実行**（サンプルコード 5-39）

```
>>> # 逆伝播
>>> def backward(Y, X4, Z3, X2, PI2, Z2, X1, PI1, Z1):
...     D4 = delta_output(Y, X4)
...     D3 = delta_hidden(Z3, D4, W4)
...     D2 = delta_hidden(X2, D3, W3)
...     D2 = backward_max_pooling(Z2.shape, PI2, D2, f=2, s=2)
...     D1 = delta_conv(X1, D2, W2, s=1, p=2)
...     D1 = backward_max_pooling(Z1.shape, PI1, D1, f=2, s=2)
...     return D4, D3, D2, D1
```

これで畳み込みニューラルネットワーク全体が実装できたね。

長かった……。残りはパラメータの更新と、学習部分だね。

Section 3 Step 5 学習

畳み込みニューラルネットワークもミニバッチに分割してパラメータの更新ができるから、この式に従って実装を進めよう。

$$w_{ij}^{(l)} := w_{ij}^{(l)} - \eta \sum_{K} \delta_i^{(l)} x_j^{(l-1)} \quad \text{…… 全結合層重み}$$

$$b^{(l)} := b^{(l)} - \eta \sum_{K} \delta_i^{(l)} \quad \text{…… 全結合層バイアス}$$

$$w_{(c,u,v)}^{(k,l)} := w_{(c,u,v)}^{(k,l)} - \eta \sum_{K} \sum_{i=1}^{d} \sum_{j=1}^{d} \delta_{(i,j)}^{(k,l)} x_{(c,i+u-1,j+v-1)}^{(l-1)}$$
…… 畳み込みフィルタ重み

$$b^{(k,l)} := b^{(k,l)} - \eta \sum_{K} \sum_{i=1}^{d} \sum_{j=1}^{d} \delta_{(i,j)}^{(k,l)} \quad \text{…… 畳み込みフィルタバイアス}$$

(5-42)

（式4-60より）

全結合層の重みとバイアスについては、最初に実装したアスペクト比判定ニューラルネットワークの時に作った関数がそのまま使える？

重みとバイアスの更新に関してはまったく同じだから、そのまま使っていいよ。

よかった。じゃあ、コピーしてコードを持ってきていいね。

■ **Pythonインタラクティブシェルで実行**（サンプルコード 5-40）

```
>>> # 目的関数の重みでの微分
>>> def dweight(D, X):
...     return np.dot(D.T, X)
...
>>> # 目的関数のバイアスでの微分
>>> def dbias(D):
...     return D.sum(axis=0)
```

畳み込みフィルタの重みとバイアスの方は新しく実装しないといけないね。

また3重シグマの実装か……。

ここでもim2col変換をうまく使って行列で計算できるよ。

だよねぇ。まあでも、いかに工夫して行列での計算にもっていくかは、ミオに教えてもらわないと全然わかんないんだけどね。

添え字が文字のままだとすごくわかりにくいから、具体的に1とか2とか数字を入れてみながら考えてみるといいよ。

とは言うものの……。

はは、まあ慣れないと簡単ではないよね。具体的な計算方法の話をすると、まず X に関してはim2col変換をして、以下の形の行列を得る。これは5-33と同じ形の行列ね。

$$\boldsymbol{X}_{col}^{(l-1)} = \begin{bmatrix} x_{(1,1,1)}^{(l-1)} & x_{(1,1,2)}^{(l-1)} & \cdots & x_{(3,2,1)}^{(l-1)} & x_{(3,2,2)}^{(l-1)} \\ x_{(1,1,2)}^{(l-1)} & x_{(1,1,3)}^{(l-1)} & \cdots & x_{(3,2,2)}^{(l-1)} & x_{(3,2,3)}^{(l-1)} \\ \vdots & \vdots & & \vdots & \vdots \\ x_{(1,4,3)}^{(l-1)} & x_{(1,4,4)}^{(l-1)} & \cdots & x_{(3,5,3)}^{(l-1)} & x_{(3,5,4)}^{(l-1)} \\ x_{(1,4,4)}^{(l-1)} & x_{(1,4,5)}^{(l-1)} & \cdots & x_{(3,5,4)}^{(l-1)} & x_{(3,5,5)}^{(l-1)} \\ \hline x_{(1,1,1)}^{(l-1)} & x_{(1,1,2)}^{(l-1)} & \cdots & x_{(3,2,1)}^{(l-1)} & x_{(3,2,2)}^{(l-1)} \\ x_{(1,1,2)}^{(l-1)} & x_{(1,1,3)}^{(l-1)} & \cdots & x_{(3,2,2)}^{(l-1)} & x_{(3,2,3)}^{(l-1)} \\ \vdots & \vdots & & \vdots & \vdots \\ x_{(1,4,3)}^{(l-1)} & x_{(1,4,4)}^{(l-1)} & \cdots & x_{(3,5,3)}^{(l-1)} & x_{(3,5,4)}^{(l-1)} \\ x_{(1,4,4)}^{(l-1)} & x_{(1,4,5)}^{(l-1)} & \cdots & x_{(3,5,4)}^{(l-1)} & x_{(3,5,5)}^{(l-1)} \\ \vdots & \vdots & & \vdots & \vdots \end{bmatrix}$$

(5-43)

デルタに関しては、縦にチャンネル分だけ、横に学習データの個数×特徴マップのサイズ分だけ、それぞれ要素を並べた行列を作る。便宜的にこの行列は $\boldsymbol{\Delta}_{col}$ と置くね。

$$\boldsymbol{\Delta}_{col}^{(l)} = \begin{bmatrix} \delta_{(1,1)}^{(1,l)} & \delta_{(1,2)}^{(1,l)} & \cdots & \delta_{(d,d-1)}^{(1,l)} & \delta_{(d,d)}^{(1,l)} & \delta_{(1,1)}^{(1,l)} & \delta_{(1,2)}^{(1,l)} & \cdots & \delta_{(d,d-1)}^{(1,l)} & \delta_{(d,d)}^{(1,l)} & \cdots \\ \delta_{(1,1)}^{(2,l)} & \delta_{(1,2)}^{(2,l)} & \cdots & \delta_{(d,d-1)}^{(2,l)} & \delta_{(d,d)}^{(2,l)} & \delta_{(1,1)}^{(2,l)} & \delta_{(1,2)}^{(2,l)} & \cdots & \delta_{(d,d-1)}^{(2,l)} & \delta_{(d,d)}^{(2,l)} & \cdots \\ \vdots & \vdots & & \vdots & \vdots & \vdots & \vdots & & \vdots & \vdots & \vdots \\ \delta_{(1,1)}^{(C,l)} & \delta_{(1,2)}^{(C,l)} & \cdots & \delta_{(d,d-1)}^{(C,l)} & \delta_{(d,d)}^{(C,l)} & \delta_{(1,1)}^{(C,l)} & \delta_{(1,2)}^{(C,l)} & \cdots & \delta_{(d,d-1)}^{(C,l)} & \delta_{(d,d)}^{(C,l)} & \cdots \end{bmatrix}$$

(5-44)

そして、この $\boldsymbol{\Delta}_{col}^{(l)}$ と $\boldsymbol{X}_{col}^{(l-1)}$ を掛けてあげると、結果的に各要素がフィルタの各重み $w_{(c,u,v)}^{(k,l)}$ での偏微分になっている行列を得ることができる。

$\Delta_{col}^{(l)}$ と $X_{col}^{(l-1)}$ を掛けた結果を使ってフィルタの重みの更新をすればいいってこと？

$$W^{(l)} := W^{(l)} - \eta \Delta_{col}^{(l)} X_{col}^{(l-1)} \tag{5-45}$$

うん、式としてはそれでいいよ。バイアスは式5-44を横方向に足せばいいだけだから sum関数を使えるね。

わかった。それで実装してみる。

■ **Python インタラクティブシェルで実行**（サンプルコード 5-41）

```
>>> # 目的関数のフィルタ重みでの微分
>>> def dfilter_weight(X, D, weight_shape):
...     K, KC, FH, FW = weight_shape
...     N, DC, DH, DW = D.shape
...     D = D.transpose(1,0, 2, 3).reshape(DC, N * DH * DW)
...     col_X = im2col(X, FH, FW, 1, 2)
...     return np.dot(D, col_X).reshape(K, KC, FH, FW)

>>> # 目的関数のフィルタバイアスでの微分
>>> def dfilter_bias(D):
...     N, C, H, W = D.shape
...     return D.transpose(1,0, 2, 3).reshape(C, N * H * W).sum(axis=1)
```

うん、重みとバイアスの微分はそれでよさそうだね。あとは、これまで作った微分の関数を使って式5-42を作ろう。

あ、学習率 η を決めないといけないよね。全結合ニューラルネットワークを実装した時と同じでいい？

うーん、そうねぇ。やってみないとわからないけど、でも前回よりもう少しだけ小さくしてみよう。

うまくいかなければまたやりなおせばいいか。じゃあ、前は0.001だったから、今回は0.0001とか。

■ Pythonインタラクティブシェルで実行（サンプルコード 5-42）

```
>>> # 学習率
>>> ETA = 1e-4
```

そうね。学習が進まないようであればまた調整しよう。

じゃ、パラメータ更新部分は`dweight`、`dbias`、`dfilter_weight`、`dfilter_bais`を呼び出して、式5-42をそのまま実装すればいいよね。

■ Pythonインタラクティブシェルで実行（サンプルコード 5-43）

```
>>> # パラメータ更新
>>> def update_parameters(D4, X3, D3, X2, D2, X1, D1, X0):
...     global W4, W3, W2, W1, b4, b3, b2, b1
...     W4 = W4 - ETA * dweight(D4, X3)
...     W3 = W3 - ETA * dweight(D3, X2)
...     W2 = W2 - ETA * dfilter_weight(X1, D2, W2.shape)
...     W1 = W1 - ETA * dfilter_weight(X0, D1, W1.shape)
...     b4 = b4 - ETA * dbias(D4)
...     b3 = b3 - ETA * dbias(D3)
...     b2 = b2 - ETA * dfilter_bias(D2)
...     b1 = b1 - ETA * dfilter_bias(D1)
```

これでようやく順伝播、逆伝播、パラメータ更新の部分ができあがったね。

うーん、大変だった。理論はわかってても、実装で工夫しないといけない点が多くてさぁ。

im2col変換や、その逆のcol2im変換の考え方は、数式を追いかけていくだけじゃ出てこないからね。

そうなんだよなー。

とにかく、畳み込みニューラルネットワークに関わる部分の実装は全部終わったんだから、最後に学習部分を作って実際に学習させてみよう。

よし。学習部分の実装は、全結合ニューラルネットワークの時と同じだよね。

■Pythonインタラクティブシェルで実行（サンプルコード 5-44）

```
>>> # 学習
>>> def train(X0, Y):
...     Z1, X1, PI1, Z2, X2, PI2, Z3, X3, X4 = forward(X0)
...     D4, D3, D2, D1 = backward(Y, X4, Z3, X2, PI2, Z2, X1, PI1, Z1)
...     update_parameters(D4, X3, D3, X2, D2, X1, D1, X0)
```

次にエポック数かな。今回も30000くらいでいい？

あの時は用意した学習データが少なかったからエポック数を大きくして学習を繰り返してたけど、MNISTには学習データが6万件含まれてるからもっと小さくていいよ。5回とか。

えっ、そんなに小さくていいの？

一概には言えないけどね。でも少なくとも畳み込みニューラルネットワークは、単純な全結合ニューラルネットワークに比べて学習がとても遅いから、30000回も繰り返してるといつ終わるかわかんないと思うよ。

そうなんだ。私はその辺の感覚持ってないから、そういう指摘は助かる。じゃあ、とりあえず5回でいいかな？

■Pythonインタラクティブシェルで実行（サンプルコード 5-45）

```
>>> # エポック数
>>> EPOCH = 5
```

あとは学習の進捗を見るためにも誤差の値を確認できるように、目的関数も実装しておこう。

$$E(\mathbf{\Theta}) = -\sum_{p=1}^{n} t_p \cdot \log y_p$$

(5-46)

あ、ただ、$\log$の中身が0になると結果が$-\inf$になってしまうから、それを防ぐ目的で数値計算上は$\log$の中身に適当に小さな値を足しておくといいよ。

勝手に適当な数値を足すとか、そんなことしていいの?

あくまでこの目的関数の実装は学習の進捗の目安にするためだけで、多少のずれがあっても問題ないよ。

確かにそっか。じゃあ、それを踏まえて式5-46を実装するね。

■ **Pythonインタラクティブシェルで実行** (サンプルコード 5-46)

```
>>> # 予測
>>> def predict(X):
...     return forward(X)[-1]
...
>>> # クロスエントロピー関数
>>> def E(T, X):
...     return -(T * np.log(predict(X) + 1e-5)).sum()
```

よーし、あとはミニバッチに分割して学習を繰り返す部分だけね。前回と同じコードでいいよね?

基本的には同じで大丈夫だよ。ただ、ミニバッチ1回の学習に時間がかかるからログは短い間隔で出すようにした方がいいかもしれない。

1エポックごとに出してると長すぎってことか。うーん、じゃあミニバッチ10回の更新に対して1回ログを出すとか。

うん。それぐらいで良いと思う。

そうすると、学習部分はこんな感じかな。

■ Pythonインタラクティブシェルで実行（サンプルコード 5-47）

```
>>> # ミニバッチ数
>>> BATCH = 100
>>>
>>> for epoch in range(1, EPOCH + 1):
...     # ミニバッチ学習用にランダムなインデックスを取得
...     p = np.random.permutation(len(TX))
...     # ミニバッチの数分だけデータを取り出して学習
...     for i in range(math.ceil(len(TX) / BATCH)):
...         indice = p[i*BATCH:(i+1)*BATCH]
...         X0 = TX[indice]
...         Y  = TY[indice]
...         train(X0, Y)
...         # ログを残す
...         if i % 10 == 0:
...             error = E(Y, X0)
...             log = '誤差: {:8.4f} ({:2d}エポック {:3d}バッチ目)'
...             print(log.format(error, epoch, i))
```

※ここまでのプログラムは、ダウンロードファイルの「cnn.py」としてまとまっています。

-------------- 実行中 --------------

かなり時間がかかるね……。

畳み込みニューラルネットワークの学習はとても計算量が多いからね。しばらく待とう……。

-------------- 15分経過 --------------

うーん、まだ途中だけどログはこんな感じだね。

```
誤差： 232.6482 （ 1エポック　 0バッチ目）
誤差： 180.1757 （ 1エポック　10バッチ目）
誤差： 150.5037 （ 1エポック　20バッチ目）
                  ：
              （省略）
                  ：
誤差：  24.4701 （ 2エポック　10バッチ目）
誤差：  19.4922 （ 2エポック　20バッチ目）
```

エポック5回繰り返すのにいったいどれくらい時間かかるんだ……。

------------- 1時間経過 -------------

```
                  ：
              （省略）
                  ：
誤差：   7.3068 （ 5エポック　540バッチ目）
誤差：  12.0094 （ 5エポック　550バッチ目）
誤差：   8.8667 （ 5エポック　560バッチ目）
誤差：   8.3290 （ 5エポック　570バッチ目）
誤差：   9.4702 （ 5エポック　580バッチ目）
誤差：  13.3063 （ 5エポック　590バッチ目）
```

ようやく最後まで終わった……。

誤差は最初に比べてかなり小さくなったみたいだね。

学習はうまく終わったって思っていいのかな？ かなり時間がかかったから、もうやり直したくないな……。

そうだね。テストデータを適当に分類してみよっか。

あ、それがいいね。じゃあ、適当に最初の10個くらいのやつを。

■ **Python**インタラクティブシェルで実行（サンプルコード 5-48）

```
>>> testX = load_file('t10k-images-idx3-ubyte', offset=16)
>>> testX = convertX(testX)
>>> # テストデータの最初の10件を表示
>>> show_images(testX[0:10])
```

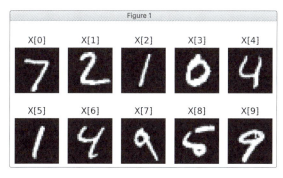

図5-9

畳み込みニューラルネットワークが出力するのは10次元だから、確率が一番高いユニットのインデックスを出力する関数を作っておいたほうが結果がわかりやすいよ。

あーそうだね。分類用の関数を作って、実際に分類してみて、っと……。

■ **Python**インタラクティブシェルで実行（サンプルコード 5-49）

```
>>> # 分類
>>> def classify(X):
...     return np.argmax(predict(X), axis=1)
...
>>> classify(testX[0:10])
array([7, 2, 1, 0, 4, 1, 4, 9, 5, 9])
```

7, 2, 1, 0, 4, 1, 4, 9, 5, 9……すごい！ 見た感じ、全部あってそうだよ！

 うまく学習できてそうだね！

 道のりは長かったけど、やっぱり自分で作ったものがちゃんと動くって嬉しいなぁ。

 数式を見て理論を理解するのもいいけど、実際に実装してみるとより理解が深まったんじゃない？

 うん、それに実装してる時はやっぱり楽しかった。

 それはよかった。今日はこの辺で終わりにしよっか？

 そうだね。楽しかったけど、疲れたなー。

 今日はありがとう！

COLUMN

後日談

 はーっ、疲れたぁ。

 最近、仕事が忙しそうだね。

 うん、でもいいの。いま仕事でニューラルネットワークを使ったモデルを作ってるんだけどね、調べることも多いけどすごい楽しい。

 これまでずっと勉強してただろうから、今度はいよいよ実践って感じだね。

 まだまだわからない部分は多いけどね。

機械学習の基礎を学ぶ価値

 わからないことは多いけど、私、頑張って基礎はちゃんと理解したつもりだから、それはすごく活きてるかな。

 僕も基礎は大事だと思うよ。最近はフレームワークがたくさんあって、数行コードを書けばそれでもうモデルを作れるけど、基礎を知らないと応用が効きにくいよね。

 うん、それに新しいことを勉強するときも、すっと入ってきて理解しやすいよ。

 世の中の流れは速いからなぁ。次から次に新しい考え方とか手法が出てくるから、そこは大事だよね。

COLUMN

そう、いろんな手法を調べるために文献を読むことが多いんだけど、その時にこれまでの知識はすごく役立ってる。

それは良いことだね。

でも最近さ、本気で実践していくためには数式や理論を知ってるだけじゃダメだって気付いた。

えっ、そうなの？ 僕、今まさにその辺をちゃんと理解しようと大学の講義を受けて頑張ってるんだけど……。

あ、別に基礎を学ぶことを否定してるわけじゃないよ。ニューラルネットワークの基礎を勉強したおかげで、自分でゼロから実装できるようになったし、頑張れば応用もできるようになった。

うん。いいことじゃん。

でも、本当はそれだけじゃ足りないんだよ。

あ、わかった。前処理も実は結構大事な部分だから、それを疎かにしてはいけない、っていう話だ？

もちろん前処理も大事だと思うよ。データを綺麗にしたり欠損値を補完したりバランスしたり、数式には出てこないけど大事なことがいっぱいあるのはわかってるけど、そうじゃない。

え、じゃあ何？

機械学習をやる価値を考えた方がいいってこと。

機械学習を実践する価値

私はプログラマだからソフトウェアを作るけど、プログラミングを覚えて何かを作れるようになったとしても、価値のないソフトウェアって誰にも使われないわけだよね。

機械学習も一緒だと思うの。理論を覚えて何かモデルを作れるようになったとしても、価値のないモデルは誰にも使われない。

なるほど、それはそうだ。

今どういう問題があるのか、その問題を解くためにどうすればいいのか、どこに機械学習が適用できるのか、そういうところを考えれないとそもそも機械学習は導入できないし、間違った現状分析のもと間違ったモデルを作ってしまうと使われずに終わってしまう。

まだ大学生だし、仕事したことなんかないし、そんなこと考えたことなかった……。

私も昔は、ただ流行ってるから機械学習やニューラルネットワークをやってみたい、って気持ちが強かった。でも、それを使って仕事をしようとした時に気付いたんだよね。

機械学習を仕事にしたいなら数学的な部分を覚えるだけじゃなくて、問題を理解して、それを定式化して、機械学習が解ける形に落とし込んだ上で、その問題を解決する。そこまで出来るようにならないといけないなぁ、って。

それが機械学習の価値、ひいては機械学習の仕事をするアヤ姉の価値、ってことか。

へへ、私の価値、って言われるとなんだか恥ずかしいけど、そういうことだと思ってる。

僕も将来的には何か機械学習を使った仕事をしたいから、そういうことをちゃんと考えれるようになっておかないとな。

COLUMN

うん。でも、まずは大学で基礎を頑張ってね！　私は友だちから教えてもらったけど、ちゃんとした授業を受けられるって恵まれてるよ。

そういえば時々いってたよね。友だちに教えてもらってる、って。いい人だなぁ。

すごく優しくて頼りになる。

へー、僕もその人から教えてもらおうかな。

いやいや。手だしたらダメだからね！

Appendix

付録

Section **1**
総和の記号

Section **2**
微分

Section **3**
偏微分

Section **4**
合成関数

Section **5**
ベクトルと行列

Section **6**
指数・対数

Section **7**
Python環境構築

Section **8**
Pythonの基本

Section **9**
NumPyの基本

| Section 1 | 総和の記号 |

足し算を表す時に便利なのが**総和の記号** $\sum$ で、**シグマ**と読みます。たとえば、こんな足し算を考えてみましょう。

$$1 + 2 + 3 + 4 + \cdots + 99 + 100 \tag{A-1-1}$$

1から100までの単純な足し算です。数字を100個書くのは大変なので、途中は省略して表現していますが、これを総和の記号を使って書くとこんな風に簡単になります。

$$\sum_{i=1}^{100} i \tag{A-1-2}$$

$i=1$ からはじめて100に到達するまで足していく式です。いまは明示的に100まで、と指定していますが、そもそも何個足せばいいのかがわからない時などは、n を使ってこのように表すことがあります。

$$\sum_{i=1}^{n} i \tag{A-1-3}$$

以下の式の1行目にも n が使われています。これは、学習データが10個かもしれないし20個かもしれないし、いまの時点ではなんとも言えないから、とりあえず n という文字で表しています。このように、何個の数を足し合わせればいいのか具体的にわかっていない場合でも、$\sum$ だとうまく表現できるようになっています。

もうお分かりかとは思いますが、1行目の式を $\sum$ を使わずに表すと2行目のようになります。

$$\begin{aligned} &E(\boldsymbol{\Theta}) \\ &= \frac{1}{2} \sum_{k=1}^{n} (y_k - f(\boldsymbol{x}_k))^2 \\ &= \frac{1}{2} \left((y_1 - f(\boldsymbol{x}_1))^2 + (y_2 - f(\boldsymbol{x}_2))^2 + \cdots + (y_n - f(\boldsymbol{x}_n))^2 \right) \end{aligned} \tag{A-1-4}$$

Section 2 微分

ニューラルネットワークで扱うような最適化問題を解くための方法はいくつかありますが、そのうちの1つが微分を使ったものです。機械学習に限らず、微分は様々なところに応用されており、非常に重要な概念ですので、ぜひとも基礎を理解しておくことをおすすめします。ここでは、微分の基礎について少し説明をしていきたいと思います。

微分とは、関数のある点における傾きを調べたり、瞬間の変化を捉えることができるものだと言われます。これだと少しイメージしにくいかもしれませんので、具体的な例を出して考えていきましょう。たとえば、車に乗って街を走ることを想像してみてください。横軸を経過時間、縦軸を走行距離とすると、それらの関係は次ページの図A-1のようなグラフに表せるのではないでしょうか。

このグラフによると、40秒で120mほど走行していますので、その間にどれくらいの速度が出ていたのかは、以下の計算式ですぐにわかります。

$$\frac{120m}{40s} = 3m/s \tag{A-2-1}$$

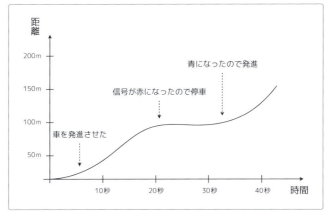

図A-2-1

ただし、これは平均速度であって、常に $3m/s$ の速度が出ていたわけではありません。グラフからもわかるように、発進時は速度が遅いためゆっくり進みますし、信号停止の際は速度が0になってしまい、まったく進まなくなります。このように、一般的にある時点におけるその瞬間の速度はそれぞれで異なる値を取ります。

先程は40秒間での速度を計算しましたが、そういった「瞬間の変化量」を求めるために、だんだん間隔を狭めていってみます。図A-2のように10秒から20秒の間に注目してみると、その間では約60mほど走行していますので、このように速度を求めることができます。

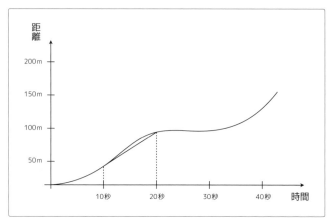

図A-2-2

$$\frac{60m}{10s} = 6m/s$$
（A-2-2）

これは要するにある区間でのグラフの傾きを求めるのと同じことです。この要領で今度は10秒と11秒の間、そして10.0秒と10.1秒の間、という風にどんどん間隔を小さくしていくと、10秒時点のその瞬間の傾き、すなわち速度がわかります。このようにして、間隔を狭めていき傾きを求める、という作業こそが微分にほかなりません。

ここで説明したような「瞬間の変化量」を求めるために、関数を $f(x)$ と置き、h を微小な数とすると、関数 $f(x)$ の点 x での傾きは以下のような式で表すことができます。

$$\frac{d}{dx}f(x) = \lim_{h \to 0} \frac{f(x+h) - f(x)}{h}$$
（A-2-3）

> ※ $\frac{d}{dx}$ は微分演算子と呼ばれ、$f(x)$ の微分を表現する際は $\frac{df(x)}{dx}$ や $\frac{d}{dx}f(x)$ などと書かれます。また、少し形は違いますが、プライム（′）という記号を使った $f'(x)$ という書き方でも $f(x)$ の微分を表現することができます。どれも意味は同じですので、好きな書き方をして問題ありません。

文字がでてくると急に難しくなったように感じますが、具体的な数字を代入してみるとイメージが付きやすいと思います。たとえば先程例に出した10.0秒と10.1秒の間の傾きを考えると、$x=10$, $h=0.1$ということです。仮に10.0秒の時点で40.0m走行しており、10.1秒の時点で40.6m走行したとすると、このように計算できます。

$$\frac{f(10+0.1)-f(10)}{0.1} = \frac{40.6-40}{0.1} = 6 \tag{A-2-4}$$

この6という値が傾きであり、いまの場合はこれが速度となります。本当はhは限りなく0に近づける必要がありますので、0.1よりももっともっと小さい値でなければなりませんが、これはあくまで例ですので$h=0.1$として計算してみました。

さて、このような式を計算することで、関数$f(x)$の点xにおける傾きを求める、つまり微分することができました。実際には、この式そのままでは扱いにくいのですが、微分には覚えておくと便利な性質がいくつかあります。実際に本書で使うことになりますので、それらを紹介しましょう。

まず1つ目ですが、$f(x) = x^n$とした時、それを微分するとこうなります。

$$\frac{d}{dx}f(x) = nx^{n-1} \tag{A-2-5}$$

そして2つ目ですが、ある関数$f(x)$と$g(x)$があり、ある定数aがあったとすると、次のような微分が成り立ちます。これらの性質は、特に**線形性**と呼ばれます。

$$\frac{d}{dx}(f(x)+g(x)) = \frac{d}{dx}f(x) + \frac{d}{dx}g(x)$$
$$\frac{d}{dx}(af(x)) = a\frac{d}{dx}f(x) \tag{A-2-6}$$

さらに3つ目として、xに関係のない定数aの微分は0になります。

$$\frac{d}{dx}a = 0 \tag{A-2-7}$$

これらの性質を組み合わせることで、多項式であれば簡単に微分することができます。いくつか例題を見てみましょう。

$$\frac{d}{dx}5 = 0 \quad \text{……A-2-7 を利用}$$

$$\frac{d}{dx}x = \frac{d}{dx}x^1 = 1 \cdot x^0 = 1 \quad \text{……A-2-5 を利用}$$

$$\frac{d}{dx}x^3 = 3x^2 \quad \text{……A-2-5 を利用}$$

$$\frac{d}{dx}x^{-2} = -2x^{-3} \quad \text{……A-2-5 を利用}$$

$$\frac{d}{dx}10x^4 = 10\frac{d}{dx}x^4 = 10 \cdot 4x^3 = 40x^3 \quad \text{……A-2-6 と A-2-5 を利用}$$

$$\frac{d}{dx}(x^5 + x^6) = \frac{d}{dx}x^5 + \frac{d}{dx}x^6 = 5x^4 + 6x^5 \quad \text{……A-2-6 と A-2-5 を利用}$$

(A-2-8)

本書での微分はほぼこの性質を利用したものですので、これさえ覚えておけば十分です。

Section 3 偏微分

ここまで見てきた関数 $f(x)$ は、変数が x しかない1変数関数でした。しかし、世の中にはこのように変数が2つ以上ある多変数関数も存在します。

$$g_1(x_1, x_2, x_3) = x_1 + x_2^2 + x_3^3$$
$$g_2(x_1, x_2, x_3, x_4) = \frac{2x_1\sqrt{x_2} + \sin x_n}{x_4^2}$$

(A-3-1)

ニューラルネットワークの最適化問題は重みやバイアスなどのパラメータの数だけ変数がありますので、目的関数がまさにこのような**多変数関数**になります。微分を使って傾きの方向にパラメータを少しずつ動かすというアイデアを説明しましたが(3章のP.120)、パラメータが複数ある場合はそれぞれのパラメータごとに傾きも違うし動かす方向も違ってきます。

そのため多変数関数を微分する時は、微分する変数にだけ注目し、他の変数はすべて定数として扱うことにして微分するのですが、このような微分方法を**偏微分**と言います。

もう少し具体的にイメージを掴んでみましょう。変数が3つ以上あるとグラフとして描画するのは難しいので、ここでは変数が2つの関数を考えます。

$$h(x_1, x_2) = x_1^2 + x_2^3$$

(A-3-2)

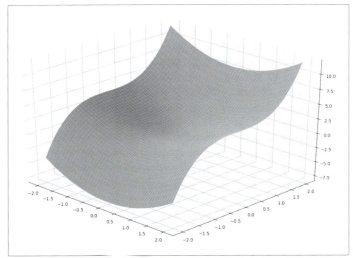

図A-3-1

変数が2つありますので、3次元空間へのプロットになります。このグラフの左奥に向かって伸びている軸が x_1、右奥に向かって伸びている軸が x_2 で、高さが $h(x_1, x_2)$ の値となります。さて、この関数 h を x_1 で偏微分してみます。偏微分では、注目する変数以外をすべて定数として扱うという話をしましたが、これは言い換えると変数の値を固定してしまうということです。たとえば $x_2 = 1$ に固定してみると、以下のように h は x_1 だけの関数になります。

$$h(x_1, x_2) = x_1^2 + 1^3 \tag{A-3-3}$$

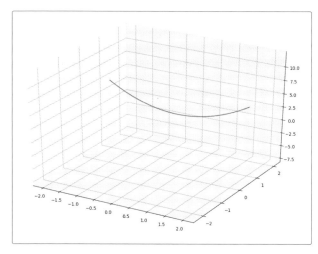

図A-3-2

相変わらず3次元空間にプロットされてはいますが、見た目は単純な2次関数になりました。定数を微分するとすべて0になりますので、h を x_1 で偏微分すると結局は以下のような結果になります。

$$\frac{\partial}{\partial x_1} h(x_1, x_2) = 2x_1 \tag{A-3-4}$$

なお、偏微分の時は微分演算子の d が ∂ に変わりますが、意味は同じです。同じ要領で、今度は h を x_2 で偏微分することを考えます。たとえば $x_1 = 1$ に固定してみると、以下のように h は x_2 だけの関数になります。

$$h(x_1, x_2) = 1^2 + x_2^3 \tag{A-3-5}$$

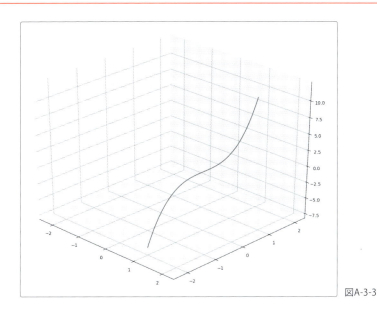

図A-3-3

今度は単純な3次関数になりました。x_1 で偏微分した時と同じように、今度はhをx_2で偏微分すると以下のようになります。

$$\frac{\partial}{\partial x_2} h(x_1, x_2) = 3x_2^2$$

（A-3-6）

このように、微分したい変数にのみ注目して、他の変数をすべて定数として扱うことで、その変数での関数の傾きを知ることができます。いまは可視化するために2の変数を持つ関数で説明をしましたが、変数がどれだけ増えたとしても同じ考え方が適用できます。

Section 4　合成関数

たとえば、次のような2つの関数 $f(x)$ と $g(x)$ を考えてみます。

$$f(x) = 10 + x^2$$
$$g(x) = 3 + x$$

（A-4-1）

$f(x)$ と $g(x)$ は、それぞれ x に適当な値を代入すると、それに対応する値が出力されます。

$$f(1) = 10 + 1^2 = 11$$
$$f(2) = 10 + 2^2 = 14$$
$$f(3) = 10 + 3^2 = 19$$
$$g(1) = 3 + 1 = 4$$
$$g(2) = 3 + 2 = 5$$
$$g(3) = 3 + 3 = 6 \tag{A-4-2}$$

いまはそれぞれ x に 1,2,3 を代入して計算しましたが、x に関数を代入しても問題ありません。つまり、以下のような式も考えることができます。

$$f(g(x)) = 10 + g(x)^2 = 10 + (3+x)^2$$
$$g(f(x)) = 3 + f(x) = 3 + (10 + x^2) \tag{A-4-3}$$

$f(x)$ の中に $g(x)$ が、もしくは $g(x)$ の中に $f(x)$ が現れている形になっていますね。このように関数が複数個組み合わさったものを、**合成関数**と呼びます。本書では、このような合成関数の微分は何度も出てきますので、合成関数とその微分方法には慣れておくことをおすすめします。

たとえば合成関数 $f(g(x))$ を x で微分することを考えてみます。このまま考えると少しわかりにくいので、以下のように一旦変数に置き換えてみます。

$$y = f(u)$$
$$u = g(x) \tag{A-4-4}$$

こうすると、以下のように x と y の関係を表すことができます。

x が u の中に含まれている
u が y の中に含まれている

このような関係性が分かっていると、$f(g(x))$ を直接微分する代わりに、以下のように微分を分割して段階的に計算することができます。

$$\frac{dy}{dx} = \frac{dy}{du} \cdot \frac{du}{dx} \tag{A-4-5}$$

つまり y を u で微分し、u を x で微分したものを掛けるだけです。実際に微分してみましょう。

$$\begin{aligned}\frac{dy}{du} &= \frac{d}{du}f(u) \\ &= \frac{d}{du}(10 + u^2) = 2u \\ \frac{du}{dx} &= \frac{d}{dx}g(x) \\ &= \frac{d}{dx}(3 + x) = 1\end{aligned} \tag{A-4-6}$$

それぞれの結果がでましたので、あとは掛けるだけです。u を $g(x)$ に戻してあげると最終的に欲しかった微分結果を得ることができます。

$$\begin{aligned}\frac{dy}{dx} &= \frac{dy}{du} \cdot \frac{du}{dx} \\ &= 2u \cdot 1 \\ &= 2g(x) \\ &= 2(3 + x)\end{aligned} \tag{A-4-7}$$

ニューラルネットワークでは誤差逆伝播法において、随所に合成関数の微分を利用し、微分を分割しながら計算していきます。どのように単純な関数に分割するかは慣れが必要な部分でもありますが、合成関数の微分はテクニックの1つとして覚えておいて損はありません。

Section 5 ベクトルと行列

ベクトルと行列は、ニューラルネットワークでの数値計算を効率的に処理するために必要なものです。文系に進むと、ベクトルはまだしも行列に触れる機会が無いことも多いでしょうし、ここではベクトルと行列の基礎についていくつか紹介していきたいと思います。

まず**ベクトル**とは数を縦にならべたもの、**行列**とは数を縦と横にならべたもので、それぞれこのような形をしたもののことを言います。

$$\boldsymbol{a} = \begin{bmatrix} 3 \\ 9 \\ -1 \end{bmatrix}, \quad \boldsymbol{A} = \begin{bmatrix} 6 & 3 \\ 11 & 9 \\ 8 & 10 \end{bmatrix} \tag{A-5-1}$$

慣習的にベクトルは**小文字**、行列は**大文字**のアルファベットを用い、それぞれ太字で表すことが多いため、本書でもそれに倣うようにしています。また、一般的にベクトルや行列の要素は添字をつけて表すことも多く、本書でもいくつかこのような表記が出てきます。

$$\boldsymbol{a} = \begin{bmatrix} a_1 \\ a_2 \\ a_3 \end{bmatrix}, \quad \boldsymbol{A} = \begin{bmatrix} a_{11} & a_{12} \\ a_{21} & a_{22} \\ a_{31} & a_{32} \end{bmatrix} \tag{A-5-2}$$

ここで、ベクトル$\boldsymbol{a}$は縦に3つの数が並んでおり、これは3次元ベクトルになります。行列$\boldsymbol{A}$は縦に3つ、横に2つの数が並んでおり、これは3×2(3行2列と言うこともあります)のサイズの行列になります。ベクトルを、列が1つしかない行列と考えると、$\boldsymbol{a}$は3×1の行列とみなすことができます。以降このコラム内では、ベクトルは$n \times 1$の行列と同一視して説明していきます。

行列は、それぞれ和、差、積の演算を定義することができます。たとえば以下のような行列$\boldsymbol{A}, \boldsymbol{B}$があったとして、それぞれ和、差、積を計算してみましょう。

$$\boldsymbol{A} = \begin{bmatrix} 6 & 3 \\ 8 & 10 \end{bmatrix}, \quad \boldsymbol{B} = \begin{bmatrix} 2 & 1 \\ 5 & -3 \end{bmatrix} \tag{A-5-3}$$

和と差については単純に各要素ごとに足し算及び引き算をするだけなので難しくありません。

$$A + B = \begin{bmatrix} 6+2 & 3+1 \\ 8+5 & 10-3 \end{bmatrix} = \begin{bmatrix} 8 & 4 \\ 13 & 7 \end{bmatrix}$$

$$A - B = \begin{bmatrix} 6-2 & 3-1 \\ 8-5 & 10+3 \end{bmatrix} = \begin{bmatrix} 4 & 2 \\ 3 & 13 \end{bmatrix} \quad \text{(A-5-4)}$$

積については少し特殊なためより詳しく解説しておきたいと思います。行列の積は、左側の行列の**行**と、右側の行列の**列**の要素を順番に掛けてから、それらを足し合わせます。言葉での説明はわかりにくいので、実際に計算をしてみましょう。行列の掛け算は以下のようにして計算していきます。

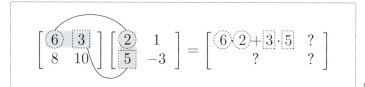

図A-5-1

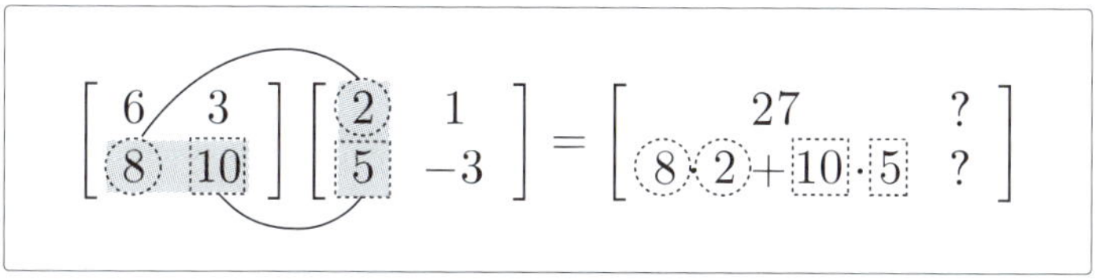

図A-5-2

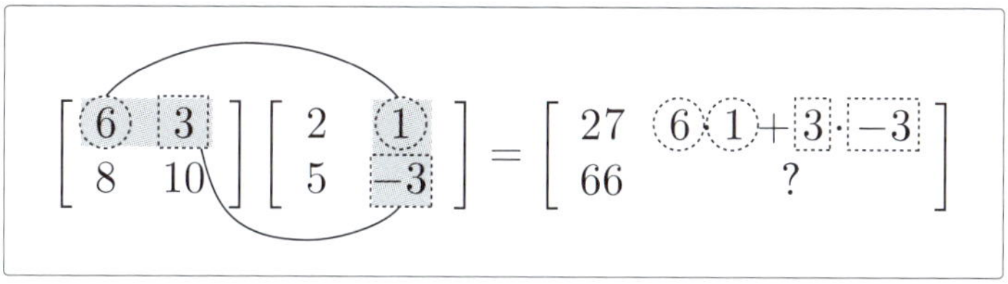

図A-5-3

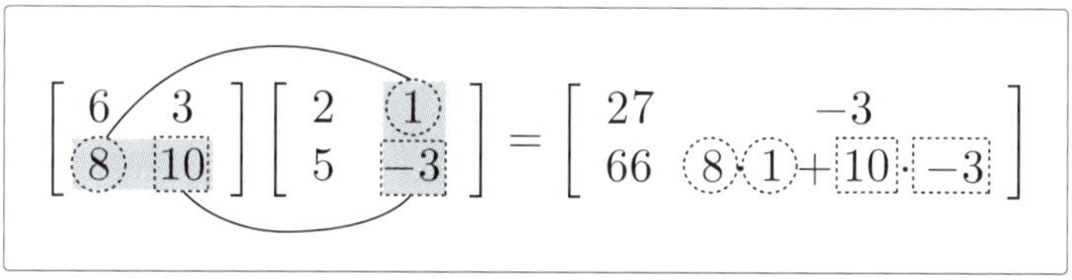

図A-5-4

最終的にAとBの積は以下のようになります。

$$AB = \begin{bmatrix} 27 & -3 \\ 66 & -22 \end{bmatrix} \quad \text{(A-5-5)}$$

行列は**掛ける順番**が大事で、一般的に AB と BA の結果は違います（たまたま同じ結果になることはあります）。また、**行列のサイズ**も重要で、行列同士の掛け算を計算する場合は、左側にある行列の列数と、右側にある行列の行数が一致していなければなりません。A と B はどちらも 2×2 の行列でしたので、その条件は満たしています。サイズが一致していない行列同士の積の演算は定義されませんので、たとえば以下のような 2×2 と 3×1 の行列の掛け算はできません。

$$\begin{bmatrix} 6 & 3 \\ 8 & 10 \end{bmatrix} \begin{bmatrix} 2 \\ 5 \\ 2 \end{bmatrix}$$

(A-5-6)

最後に**転置**という操作を紹介して終わりにします。転置とは、以下のように行と列を入れ替える操作で、本書では文字の右上にTという記号をつけて転置を表します。

$$\boldsymbol{a} = \begin{bmatrix} 2 \\ 5 \\ 2 \end{bmatrix}, \boldsymbol{a}^{\mathrm{T}} = \begin{bmatrix} 2 & 5 & 2 \end{bmatrix}$$

$$\boldsymbol{A} = \begin{bmatrix} 2 & 1 \\ 5 & 3 \\ 2 & 8 \end{bmatrix}, \boldsymbol{A}^{\mathrm{T}} = \begin{bmatrix} 2 & 5 & 2 \\ 1 & 3 & 8 \end{bmatrix}$$

(A-5-7)

たとえば、普通ならサイズが合わない場合も、以下のように転置してから積を計算することは多々あります。

$$\boldsymbol{a} = \begin{bmatrix} 2 \\ 5 \\ 2 \end{bmatrix}, \boldsymbol{b} = \begin{bmatrix} 1 \\ 2 \\ 3 \end{bmatrix}$$

$$\boldsymbol{a}^{\mathrm{T}}\boldsymbol{b} = \begin{bmatrix} 2 & 5 & 2 \end{bmatrix} \begin{bmatrix} 1 \\ 2 \\ 3 \end{bmatrix}$$

$$= \begin{bmatrix} 2 \cdot 1 + 5 \cdot 2 + 2 \cdot 3 \end{bmatrix}$$

$$= \begin{bmatrix} 18 \end{bmatrix}$$

(A-5-8)

このような例は数多く出てきますので、ぜひとも行列の積と転置には慣れておきましょう。

Section 6 指数・対数

交差エントロピーの計算には対数である log が使われていますが、この対数とは一体なんでしょうか。ここでは対数について簡単に紹介していきたいと思います。

まず、対数のことを考える前に**指数**について考えてみます。指数については知っている人も多いかとは思いますが、数の右上にくっついてその数を何乗するかを表すもので、たとえばこのようなものです。

$$x^3 = x \cdot x \cdot x$$

$$x^{-4} = \frac{1}{x^4} = \frac{1}{x \cdot x \cdot x \cdot x} \tag{A-6-1}$$

普段よく目にするのは、このように右上の指数部が普通の数になっているものですが、指数部が変数になっているようなものは**指数関数**と呼ばれ、このような関数の形をしています（$a > 1$の場合）。

$$y = a^x \tag{A-6-2}$$

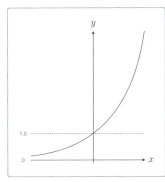

図A-6-1

指数は以下のような性質をもっており、これらは**指数法則**という名前で呼ばれています。

$$a^b \cdot a^c = a^{b+c}$$

$$\frac{a^b}{a^c} = a^{b-c}$$

$$(a^b)^c = a^{bc} \tag{A-6-3}$$

このような指数関数の逆関数として**対数関数**というものがあり、それを log を使ってこのように表します。

$$y = \log_a x \quad \text{(A-6-4)}$$

逆関数とは、ある関数の x と y を入れ替えた関数のことです。逆関数のグラフの形は、元の関数のグラフを時計回りに 90 度回転させて、左右方向に反転させた形になっており、その横軸を x、縦軸を y とすると、実際には対数関数はこのような形をしています（$a > 1$ の場合）。

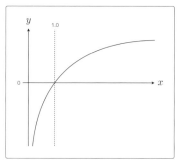

図A-6-2

少しわかりにくいですがこれは a を y 乗すると x になる、と考えることができて、まさに先程の $y = a^x$ の x と y を入れ替えたものになっています。式A-6-4の a の部分を**底**と呼びますが、特にネイピア数（e という記号で表される 2.7182… という定数）を底としたものを**自然対数**と言い、自然対数の場合は底を省略して単純に log、または ln を使って以下のように表すことが多くあります。

$$y = \log_e x = \log x = \ln x \quad \text{(A-6-5)}$$

この対数関数は以下のような性質を持っており、これらはよく使われるので覚えておくと良いでしょう。

$$
\begin{aligned}
\log e &= 1 \\
\log ab &= \log a + \log b \\
\log \frac{a}{b} &= \log a - \log b \\
\log a^b &= b \log a
\end{aligned}
\quad \text{(A-6-6)}
$$

また、対数関数の微分もよく出てくるのでここで紹介しておきます。底をaとする対数関数の微分は以下のようになります。

$$\frac{d}{dx}\log_a x = \frac{1}{x\log a} \tag{A-6-7}$$

特に底がeの自然対数については、$\log e = 1$という性質から、微分結果も以下のように簡潔になるので、まずはこれを覚えておくことをおすすめします。

$$\frac{d}{dx}\log_e x = \frac{1}{x} \tag{A-6-8}$$

Section 7 Python環境構築

Pythonは数あるプログラミング言語のうちの1つで、世界中の誰もが無料で自由に利用できるオープンソースソフトウェアです。シンプルな構文を持ち、ソースコードをコンパイルすることなくすぐに実行することができるため、その手軽さからプログラミング初心者が学ぶ言語としても人気があります。
またPythonは、データサイエンスや機械学習に関連する**ライブラリ**が特に充実しており、それらの分野で利用するのに最適な言語で、初心者だけではなくその道のプロからもよく利用されています。

本書でも、学んだ理論を実際に実装するためのプログラミング言語としてPythonを採用しています。ここでは、Pythonをインストールして使えるようになるまでの手順を説明します。
本書では**Python3系**のバージョンを利用します。2019年3月の時点では3.7.3が最新のバージョンです。PythonはmacOSやLinuxディストリビューションに最初からインストールされていることも多いですが、そのバージョンはほとんどの場合2系ですので、それらは使わずに新たにバージョン3系をインストールしておく方が良いでしょう。
また、OSとしてWindowsを使っている人は、デフォルトでPythonは入っていないでしょうし、別途インストールする必要があります。もちろん、既にPython3系の環境が手元にある方はこのステップはスキップしてもらってかまいません。

Section 7 Step 1 Pythonのインストール

データサイエンスや機械学習の分野でPythonを始めたい人用にAnacondaディストリビューションという便利なものがあります。Anacondaはデータサイエンスや機械学習向けの便利なライブラリを最初から同梱した状態でPythonをインストールすることができるもので、本書で掲載されているサンプルプログラムの内容であればインストール後すぐに開発に取り掛かることができます。

前述の通り、本書ではPython3系を利用しますので、Anacondaディストリビューションでも3系のものを選んでインストールしましょう。まずは以下のAnacondaディストリビューションのダウンロードサイトへアクセスします。

https://www.anaconda.com/distribution/

Windows/macOS/Linuxの各プラットフォームごとにインストーラが用意されています。WindowsおよびmacOS向けはGUIが付属したグラフィカルインストーラになっていますので、画面の支持に従って簡単にインストールすることができますが、Linuxの場合はターミナルよりインストールコマンドを実行してのインストールになります。
詳細なインストール方法については、ダウンロードページにドキュメントページへのリンクが貼られています。基本的に画面の指示に従ってデフォルトの選択肢を選びながらインストールしていけば問題ないとは思いますが、もし途中でつまづいてインストールがうまくいかなかった場合はドキュメントページを参考にしてみてください。

> **POINT**
>
> インストール途中で、環境変数 PATH に Annaconda を追加するかのオプションが表示されますので、チェックを入れて追加してください。

Anacondaディストリビューションのインストールが完了したら、Pythonのインストール確認のためにターミナルまたはコマンドプロンプトから「python --version」と入力してみます。

■ターミナルまたはコマンドプロンプトから入力（サンプルコード A-7-1）
```
$ python --version  ........「$」は入力せず、その右側を入力してください
Python 3.7.3
```

Pythonのバージョン3.7.3などの数字に関してはインストールしたバージョンによって変わりますが、このような表示がされればうまく動作しています。もし、インストールがうまくいったはずなのにこの表示がでなければ、一度ログアウトして再ログインしたり、ターミナルを再起動したり、コンピュータ自体を再起動するなど試してみてください。

Section 7 | Step 2　Pythonの実行

Pythonの実行方法は大きく分けて2種類あります。1つは対話式の**インタラクティブシェル**から実行する方法、もう1つは**.pyファイル**に書かれた内容を実行する方法です。本書では主に前者のインタラクティブシェルから実行するやり方で話が進んでいきます。
インタラクティブシェルとは対話的シェルや対話モードとも呼ばれ、プログラマとPythonの両者が対話をするようにプログラミングをしていくことができる機能で、ターミナルまたはコマンドプロンプトから「python」と入力することで起動します。

■**ターミナルまたはコマンドプロンプトから入力**（サンプルコード A-7-2）

```
$ python ──────「$」は入力せず、その右側を入力してください
Python 3.7.3 (default, Mar 27 2019, 16:54:48)
[Clang 4.0.1 (tags/RELEASE_401/final)] :: Anaconda, Inc. on darwin
Type "help", "copyright", "credits" or "license" for more information.
>>> ──────「>>>」が出たら、Pythonのプログラムを受け付ける状態になっています
```

インタラクティブシェルを実行中は、見て分かる通り先頭に「>>>」という記号が表示されています。私たちはその記号の後にPythonのプログラムを入力していくことになります。なお、インタラクティブシェルを終了するときには「`quit()`」と入力します。
本書に登場するPythonのソースコードのうち、先頭が>>>および...で始まるものはインタラクティブシェルから実行されたものですので、ぜひご自身でインタラクティブシェルを起動してソースコードを実行しながら結果を確認してみてください。

また、本書ではインタラクティブシェルから順次実行したソースコードから必要な箇所だけ取り出してまとめたサンプルプログラムを公開しております。
それらのプログラムをダウンロードしてPythonで実行して確認することもできますので、その際は次のようにpythonコマンドの後にPythonのファイル名を指定してプログラムを実行してください。なお、実行前に.pyファイルがあるパスまで移動することを忘れないようにしてください。

■ ターミナルまたはコマンドプロンプトから入力（サンプルコード A-7-3）

```
$ cd /path/to/downloads ……… .pyファイルのあるパスを指定して移動します
$ python nn.py ……… 「nn.py」を実行します
```

Section 8　Pythonの基本

ここではPythonの未経験者向けに、Pythonのプログラムの基本的な構文を解説していきます。ただし、本書はPythonの入門書ではありませんので、基本的には第5章で実装されているPythonのプログラムが理解できるようになることに的を絞って最低限のものだけ取り上げていきます。したがって、ここに紹介しているものがすべてではありませんので、さらに深く理解したい場合は別途Webで調べたりPythonの入門書などを読むことをおすすめします。

それでは、一緒に手を動かしながら覚えていきましょう。まずは、ターミナルまたはコマンドプロンプトから「python」と打ち込んで（Section 7参照）インタラクティブシェルを起動してみてください。

Section 8 | Step 1　数値と文字列

Pythonでは整数及び浮動小数点を扱うことができ、それぞれに対して+、-、*、/という演算子を使うことで四則演算を行うことができます。また、%で余りを、**で累乗を求めることもできます。

■ Pythonインタラクティブシェルで実行（サンプルコード A-8-1）

```
>>> 0.5 ……… 「>>>」は入力せず、その右側を入力してください。以下同。
0.5
>>> 1 + 2
3
>>> 3 - 4
-1
>>> 5 * 6
30
>>> 7 / 8
```

```
0.875
>>> 10 % 9
1
>>> 3 ** 3
27
```

Pythonは**指数表記**もサポートしており、以下のように書くことができます。

■ **Python インタラクティブシェルで実行**（サンプルコード A-8-2）

```
>>> # 以下は"1.0 * 10の-3乗"と同じ意味。#から始まる行はコメントです。
>>> 1e-3
0.001
>>>
>>> # 以下は"1.0 * 10の3乗"と同じ意味。
>>> 1e3
1000.0
```

また、Pythonでは文字を**シングルクォーテーション**および**ダブルクォーテーション**で囲って文字列を表します。文字列の結合及び繰り返しには+、*の演算子を使うことができます。

■ **Python インタラクティブシェルで実行**（サンプルコード A-8-3）

```
>>> 'python'
'python'
>>> "python"
'python'
>>> 'python' + '入門'
'python入門'
>>> 'python' * 3
'pythonpythonpython'
```

Section 8 | Step 2　変数とコメント

数値や文字列を使う際に、それらに名前を付けて後から参照できるようにすることができます。そのようなものを**変数**と言い、以下のようにして数値や文字列を変数に代入して使

います。変数同士の演算の結果をまた変数に代入して結果を保持しておくこともできますので、適宜利用していきましょう。

■ Pythonインタラクティブシェルで実行（サンプルコード A-8-4）

```
>>> # 数を変数に代入して、その和を求める
>>> a = 1
>>> b = 2
>>> a + b
3
>>> # aとbの和をさらに変数cに代入する
>>> c = a + b
>>>
>>> # 変数を利用して文字列の繰り返しをする
>>> d = 'python'
>>> d * c
'pythonpythonpython'
```

また、変数に対する四則演算に関しては以下のような省略記法が用意されています。プログラムの見た目がシンプルになり、よく利用されますので一緒に覚えておきましょう。

■ Pythonインタラクティブシェルで実行（サンプルコード A-8-5）

```
>>> a = 1
>>>
>>> # a = a + 2 と同じ意味
>>> a += 2
>>>
>>> # a = a - 1 と同じ意味
>>> a -= 1
>>>
>>> # a = a * 3 と同じ意味
>>> a *= 3
>>>
>>> # a = a / 3 と同じ意味
>>> a /= 3
```

ここで#という記号がでてきていますが、Pythonでは#以降を**コメント**とみなしてくれます。コメントはPythonから無視されますので、プログラムに影響をあたえずにプログラ

ムのわかりにくい部分の意図や背景などを説明する際に使われます。本書のサンプルプログラムでは各所にコメントを入れておりますが、インタラクティブシェル上のコメントについては特に入力する必要はありません。

Section 8 | Step 3　真偽値と比較演算子

Pythonには**真偽値**を表すTrueおよびFalseという値があります。
Trueが真、Falseが偽を表しており、ブーリアンと呼ばれることもあるこの値ですが、後に紹介される制御構文でも利用されることになりますのでぜひ覚えておきましょう。

■ **Python**インタラクティブシェルで実行（サンプルコード **A-8-6**）

```
>>> # 1と1は等しいか？
>>> 1 == 1
True
>>>
>>> # 1と2は等しいか？
>>> 1 == 2
False
```

このように、ある値とある値を比較して、それが正しいのか間違っているのかが真偽値で表されます。ここで例として出てきた==という記号は、この記号の左側と右側の値が等しいかどうかを調べるもので、比較演算子と呼ばれます。Pythonの比較演算子には==、!=、>、>=、<、<=があり、それぞれ以下のような意味をもっていますので、コメントを読みながら確認してみてください。

■ **Python**インタラクティブシェルで実行（サンプルコード **A-8-7**）

```
>>> # python2とpython3は等しくないか？
>>> 'python2' != 'python3'
True
>>>
>>> # 2は3より大きいか？
>>> 2 > 3
False
>>>
>>> # 2は1以上か？
>>> 2 >= 1
```

```
True
>>>
>>> # 変数同士を比較することもできます
>>> a = 1
>>> b = 2
>>> # aはbより小さいか？
>>> a < b
True
>>>
>>> # bは2以下か？
>>> b <= 2
True
```

さらに、真偽値にはandおよびorという演算子を適用することができます。
andは2つの真偽値の両方がTrueの場合のみ、結果もTrueになります。
orは2つの真偽値のどちらかがTrueであれば、結果もTrueになります。実際にどのような動きをするのか確認してみましょう。

■ Pythonインタラクティブシェルで実行（サンプルコード A-8-8）

```
>>> a = 5
>>>
>>> # aは1より大きく、かつaは10より小さい
>>> 1 < a and a < 10
True
>>>
>>> # aは3より大きい、またはaは1より小さい
>>> 3 < a or a < 1
True
```

Section 8 | Step 4 | リスト

Pythonは、1つの値だけではなくまとめて複数の値を取り扱うことができる**リスト**というデータ構造を持っています。他言語では配列と呼ばれることもありますが、同じようなものです。リストはこのあとの制御構文でも使われることになりますので、ここではPythonでの基本的なリストの操作に慣れておきましょう。

■ **Pythonインタラクティブシェルで実行**（サンプルコード A-8-9）

```
>>> # リストを作る
>>> a = [1, 2, 3, 4, 5, 6]
>>>
>>> # リストの要素にアクセスする
>>> # (インデックスは0から始まることに注意)
>>> a[0]
1
>>> a[1]
2
>>>
>>> # インデックスにマイナスを付けると後ろから要素をたどる
>>> a[-1]
6
>>> a[-2]
5
>>>
>>> # スライスと呼ばれる":"を使った便利な記法もあります
>>> # 指定された範囲の値を取得
>>> a[1:3]
[2, 3]
>>>
>>> # 2つ目の値から最後の値までを取得
>>> a[2:]
[3, 4, 5, 6]
>>>
>>> # 最初から3つ目の値までを取得
>>> a[:3]
[1, 2, 3]
```

Section 8 / Step 5　制御構文

Pythonのプログラムは基本的には記述された順に上から実行されていきますが、ここで紹介する**制御構文**を利用することによって、条件分岐や繰り返しをすることができます。
制御構文を利用する際は、ブロックというまとまりでプログラムを記述していきます。他のプログラミング言語ではブロックの開始と終了を{ ... }やbegin ... endと表

すものが多いですが、Pythonの場合は**インデント**がブロックを表現します。インデントはタブ及び半角スペースで表現することができますが、タブはできるだけ避けて半角スペース4つのインデントを使うことをおすすめします。Pythonは他言語と比べてインデントが重要で、インデントがずれているとエラーになりますので気をつけましょう。

まず、条件分岐に関しては if 文を利用します。`if`に続く式の真偽値がTrueであれば、その下にあるコードブロックが実行されることになります。真偽値がFalseであれば、次の`elif`の真偽値の結果を見ます。そして、そこもFalseであれば最終的に`else`のブロックが実行されます。実際に確認してみましょう。

■ Pythonインタラクティブシェルで実行（サンプルコード A-8-10）

```
>>> a = 10
>>>
>>> # 変数の中身が3または5で割り切れるかどうかを調べてメッセージを出し分ける
>>> if a % 3 == 0:
...     print('3で割り切れる数です')
... elif a % 5 == 0:
...     print('5で割り切れる数です')
... else:
...     print('3でも5でも割り切れない数です')
...         ········ここで[Enter]キーを押します
5で割り切れる数です
```

次に、繰り返し処理に関してはfor文を利用します。forにリストを渡すことで、そのリストの中身を1つずつ取り出して繰り返し処理させることができます。実際に確認してみましょう。

■ Pythonインタラクティブシェルで実行（サンプルコード A-8-11）

```
>>> a = [1, 2, 3, 4, 5, 6]
>>>
>>> # リストの中身を1つずつiという変数に取り出して値を出力する
>>> for i in a:
...     print(i)
...         ········ここで[Enter]キーを押します
1
2
3
4
```

```
5
6
```

また、もうひとつの繰り返し処理の構文としてwhile文があります。whileに続く式の真偽値がTrueの間はずっと繰り返し処理をします。

■ Pythonインタラクティブシェルで実行（サンプルコード A-8-12）

```
>>> a = 1
>>>
>>> # aが5以下の間、繰り返し処理をする
>>> while a <= 5:
...     print(a)
...     a += 1
...     ここで[Enter]キーを押します
1
2
3
4
5
```

Section 8 / Step 6　関数

最後に**関数**の説明をします。Pythonでは処理のまとまりを関数として定義することができ、後で好きな時に呼び出すことができます。関数の定義はdefを使って、その下にあるコードブロックが関数の中身として定義されます。制御構文と同じようにインデントがコードブロックを表現しますので、インデントのずれには気をつけてください。

■ Pythonインタラクティブシェルで実行（サンプルコード A-8-13）

```
>>> def hello_python():
...     print('Hello Python')
...     ここで [Enter] キーを押します
>>> hello_python()
Hello Python
>>>
>>> # 関数は引数を受け取って、値を返すこともできます
```

```
>>> def sum(a, b):
...     return a + b
...     ┈┈┈┈ ここで[Enter]キーを押します
>>> sum(1, 2)
3
```

Section 9 NumPyの基本

NumPyはデータサイエンス向けの便利なライブラリです。特にNumPyで扱える配列（ndarrayと呼ばれる配列）には非常に便利なメソッドが数多く用意されています。機械学習の実装ではベクトルや行列の計算が頻繁に出てきますが、NumPyの配列を使うことで、より効率的に処理をすることができます。

ここでは、第5章で実装されているソースコード中に出てくるNumPyの機能を中心に基本的な部分を解説していきます。NumPyは、ここでは紹介しきれないくらいたくさんの機能を持つライブラリですので、興味がある読者の方はぜひとも別途Webや書籍で調べてみてください。

NumPyはデフォルトではPythonに同梱されていないので、NumPyを利用するためにはまずはライブラリのインストールから始める必要があります。ただし、Section8で紹介しているAnacondaディストリビューションを利用してPythonをインストールしたのであれば、最初からNumPyが同梱されているはずですので、特にインストール作業は必要ありません。

もし、Anacondaディストリビューションを使わずに別の方法でPythonをインストールしている場合は、基本的にはNumPyは同梱されていないため、パッケージマネージャーのpipを使ってNumPyをインストールしておきましょう。

■ ターミナルまたはコマンドプロンプトから入力（サンプルコード A-9-1）

```
$ pip install numpy
```

NumPyの準備ができたら、一緒に手を動かしながら覚えていきましょう。まずは、ターミナルまたはコマンドプロンプトから「python」と打ち込んでインタラクティブシェルを起動してみてください。

Section 9 | Step 1　インポート

NumPyをPythonから使うためには、まずNumPyを読み込む必要があります。その際に利用されるのが`import`という構文で、以下のようにしてNumPyを読み込みます。

■ Pythonインタラクティブシェルで実行（サンプルコード A-9-2）

```
>>> import numpy as np
```

これは`numpy`というライブラリを`np`という名前で読み込むという意味で、`np`という名前を参照してNumPyの機能を利用していくことができます。以降は、すべてこの読み込み処理を実行している前提で話を進めていきます。

Section 9 | Step 2　多次元配列

NumPyの基本は多次元配列を表すndarrayです。PythonにはP.335のコード中にも出てきた、":"を使った便利なスライス記法がありますが、NumPyの多次元配列についても要素アクセスに便利な記法がいくつかありますので、本書で使われる記法を中心に紹介していきたいと思います。

■ Pythonインタラクティブシェルで実行（サンプルコード A-9-3）

```
>>> # 3x3の多次元配列(行列)を作る
>>> a = np.array([[1, 2, 3], [4, 5, 6], [7, 8, 9]])
>>> a
array([[1, 2, 3],
       [4, 5, 6],
       [7, 8, 9]])
>>>
>>> # 1行目1列目の要素にアクセスする
>>> # (インデックスは0から始まることに注意)
>>> a[0,0]
1
>>>
>>> # 2行目2列目の要素にアクセスする
>>> a[1,1]
5
```

```
>>>
>>> # 1列目を取り出す
>>> a[:,0]
array([1, 4, 7])
>>>
>>> # 1行目を取り出す
>>> a[0,:]
array([1, 2, 3])
>>>
>>> # 2列目と3列目を取り出す
>>> a[:, 1:3]
array([[2, 3],
       [5, 6],
       [8, 9]])
>>>
>>> # 2行目と3行目を取り出す
>>> a[1:3, :]
array([[4, 5, 6],
       [7, 8, 9]])
>>>
>>> # 1行目を取り出して変数に代入
>>> b = a[0]
>>> b
array([1, 2, 3])
>>>
>>> # 配列を使って要素にアクセスすることもできます
>>> # 配列bの3番目と1番目の要素を順に取り出す
>>> c = [2, 0]
>>> b[c]
array([3, 1])
```

また、以下のようにして多次元配列の基本的なプロパティにアクセスすることができます。

■ Pythonインタラクティブシェルで実行（サンプルコード A-9-4）

```
>>> # 3x3の多次元配列(行列)を作る
>>> a = np.array([[1, 2, 3], [4, 5, 6], [7, 8, 9]])
>>>
```

```
>>> # aの次元。行列なので2次元
>>> a.ndim
2
>>>
>>> # aの形状。3x3の行列なので(3, 3)
>>> a.shape
(3, 3)
>>>
>>> # aの要素数。3x3なので要素数は9
>>> a.size
9
>>>
>>> # aの要素の型。要素はすべて整数値として保持されている
>>> a.dtype
dtype('int64')
>>>
>>> # aの要素の型をfloat型に変更する
>>> a.astype(np.float32)
array([[1., 2., 3.],
       [4., 5., 6.],
       [7., 8., 9.]], dtype=float32)
```

Section 9 | Step 3 配列の生成

NumPyには、配列を生成するための多数のメソッドが揃っています。ここでは、主に本書で使われるメソッドについて触れていきます。

■ Pythonインタラクティブシェルで実行（サンプルコード A-9-5）

```
>>> # 10個の要素を持つ配列を作る
>>> np.arange(10)
array([0, 1, 2, 3, 4, 5, 6, 7, 8, 9])
>>>
>>> # 0で初期化された3x3の行列を作る
>>> np.zeros([3, 3])
array([[0., 0., 0.],
       [0., 0., 0.],
```

```
            [0., 0., 0.]])
>>>
>>> # 標準正規分布に従う乱数で初期化された3x3の行列を作る
>>> np.random.randn(3, 3)
array([[-0.31167908,  1.38499623, -0.67863413],
       [ 0.87811732,  0.5697252 ,  0.28765165],
       [ 0.34221975,  1.72718813,  2.20642538]])
>>>
>>> # 3x3の単位行列を作る
>>> np.eye(3, 3)
array([[1., 0., 0.],
       [0., 1., 0.],
       [0., 0., 1.]])
```

Section 9 Step 4 配列の変形

本書における畳み込みニューラルネットワークの実装では、配列の変形操作が多用されますので簡単に紹介してきたいと思います。

■ Pythonインタラクティブシェルで実行（サンプルコード A-9-6）

```
>>> # 12個の要素を持つ配列を作る
>>> a = np.arange(12)
>>> a
array([ 0,  1,  2,  3,  4,  5,  6,  7,  8,  9, 10, 11])
>>>
>>> # 3x4の2次元配列に変形する
>>> a.reshape(3, 4)
array([[ 0,  1,  2,  3],
       [ 4,  5,  6,  7],
       [ 8,  9, 10, 11]])
>>>
>>> # 2x2x3の3次元配列に変形する
>>> a.reshape(2, 2, 3)
array([[[ 0,  1,  2],
        [ 3,  4,  5]],
       [[ 6,  7,  8],
        [ 9, 10, 11]]])
```

多次元になると少しイメージしにくいと思いますので、ここでは図とコードを見比べながらじっくりと考えてみてください。

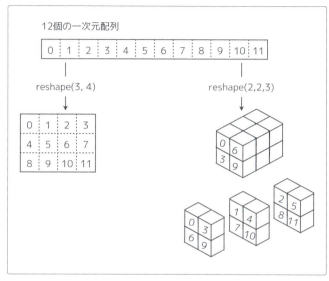

図A-9-1

また、本書では行列の転置操作も頻繁に行いますが、もちろんNumPyにも転置を行うためやり方が用意されています。

■ Pythonインタラクティブシェルで実行（サンプルコード A-9-7）

```
>>> # 3x3の行列を作る
>>> a = np.array([[1, 2, 3], [4, 5, 6], [7, 8, 9]])
>>> a
array([[1, 2, 3],
       [4, 5, 6],
       [7, 8, 9]])
>>>
>>> # aを転置する(.Tの利用)
>>> a.T
array([[1, 4, 7],
       [2, 5, 8],
       [3, 6, 9]])
```

ただし、.T は2次元配列、いわゆる行列の転置にしか利用できません。そこでNumPyは、transposeというメソッドも提供しており、これを使うと3次元以上の配列の転置操作も行うことができるようになっています。

■ Pythonインタラクティブシェルで実行（サンプルコード A-9-8）

```
>>> # 3x3の行列を作る
>>> a = np.array([[1, 2, 3], [4, 5, 6], [7, 8, 9]])
>>> a
array([[1, 2, 3],
       [4, 5, 6],
       [7, 8, 9]])
>>>
>>> # 行列を転置する(.transposeの利用)
>>> a.transpose(1, 0)
array([[1, 4, 7],
       [2, 5, 8],
       [3, 6, 9]])
>>>
>>> # 2次元以上の配列も簡単に転置可能
>>> a = np.arange(12).reshape(2, 2, 3)
>>> a
array([[[ 0,  1,  2],
        [ 3,  4,  5]],

       [[ 6,  7,  8],
        [ 9, 10, 11]]])
>>>
>>> # 3次元の2x2x3の配列を3x2x2の配列に転置
>>> a.transpose(2, 0, 1)
array([[[ 0,  3],
        [ 6,  9]],

       [[ 1,  4],
        [ 7, 10]],

       [[ 2,  5],
        [ 8, 11]]])
```

配列の転置は、その軸を入れ替える操作そのものです。3次元配列の転置を行っている上記コードの場合は

- 3次元目の軸を1番目に持ってくる
- 1次元目の軸を2番目に持ってくる
- 2次元目の軸を3番目に持ってくる

という軸の入れ替えを行っています。3次元となると少しイメージしにくいと思いますので、以下の図とコードを見比べながら理解してみてください。

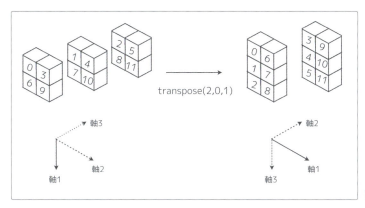

図A-9-2

Section 9 Step 5 行列積

NumPyではベクトルの内積や、行列積の計算を行うためのdotというメソッドを提供しています。本書では主に行列積の計算のために使いますが、NumPyのdotのすごさはその計算速度です。一般的に行列積の計算は重い処理として知られていますが、NumPyの内部では行列演算のライブラリが使われており最適化されているため、巨大な行列であっても現実的な時間で計算することができます。

本書で登場する全結合ニューラルネットワークや畳み込みニューラルネットワークについては、そのほとんどの部分が行列演算ですので、いかに行列の計算を速くするかということが、学習や推論のパフォーマンスを上げることに直結します。dotを使えば行列積の処理を簡単に書けることもメリットですが、先ほど話した速度面に置いても大きなアドバンテージがあります。

ここではコードと一緒に少しだけdotの例を見てみましょう。

■ Pythonインタラクティブシェルで実行（サンプルコード A-9-9）

```
>>> # 2x3と3x4の行列を作る
>>> a = np.arange(6).reshape(2, 3)
>>> b = np.arange(12).reshape(3, 4)
>>> a
array([[0, 1, 2],
       [3, 4, 5]])
>>> b
array([[ 0,  1,  2,  3],
       [ 4,  5,  6,  7],
       [ 8,  9, 10, 11]])
>>>
>>> # aとbの行列積を計算する
>>> np.dot(a, b)
array([[20, 23, 26, 29],
       [56, 68, 80, 92]])
```

Section 9 Step 6 ブロードキャスト

NumPyには配列の要素同士の演算に便利な**ブロードキャスト**と呼ばれる機能があります。通常NumPyの配列同士の演算を行うためには配列の形状が一致していなければなりませんが、演算を行う2つの配列間で形状をそろえられそうであれば、形状をそろえた上で演算をする機能です。

言葉では少しわかりにくいかと思いますので、以下にその例を示します。

■ Pythonインタラクティブシェルで実行（サンプルコード A-9-10）

```
>>> # 3x3の多次元配列(行列)を作る
>>> a = np.array([[1, 2, 3], [4, 5, 6], [7, 8, 9]])
>>>
>>> # aのすべての要素に10を足す
>>> a + 10
array([[11, 12, 13],
```

```
        [14, 15, 16],
        [17, 18, 19]])
>>>
>>> # aのすべての要素に3を掛ける
>>> a * 3
array([[ 3,  6,  9],
       [12, 15, 18],
       [21, 24, 27]])
```

これは内部的には、10や3などの数値を3×3の行列として扱い、要素ごとの計算がされています。

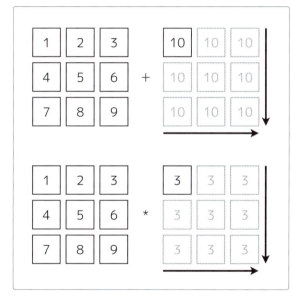

図A-9-3

ちなみにここでの掛け算は行列の掛け算ではなく、要素ごとの掛け算になります。このように要素ごとに演算を行うものはelement-wiseと呼ばれ、特に行列の掛け算とelement-wiseな掛け算は区別する必要がありますので注意してください。

また、次のようなブロードキャストパターンもあります。

■ Pythonインタラクティブシェルで実行（サンプルコード A-9-11）

```
>>> # aの各列をそれぞれ2倍、3倍、4倍する
>>> a * [2, 3, 4]
array([[ 2,  6, 12],
       [ 8, 15, 24],
       [14, 24, 36]])
>>>
>>> # aの各行をそれぞれ2倍、3倍、4倍する
>>> a * np.vstack([2, 3, 4])
array([[ 2,  4,  6],
       [12, 15, 18],
       [28, 32, 36]])
```

これは、内部的にはこのように拡張された配列として扱われ、要素ごとの計算がされています。

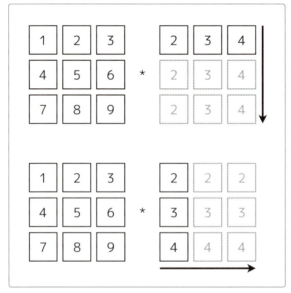

図A-9-4

Index

用語

数字
1-of-K 表現 271

A~D
Anaconda 328
CNN 014
col2im変換 291
col形式 278
DNN 014, 022

I~N
im2col変換 278, 298
maxプーリング 177
MNIST 266
NumPy 338

O~T
one-hot ベクトル 271
PATH 328
Python 032, 238, 327
ReLU 160, 179, 192, 275
tanh関数 078

あ行
アスペクト比 100, 238
アノテーション 266
余り 330
インタラクティブシェル 329
インデックス 335
インデント 336
エポック数 258
エンコード 232
エントロピー 233
オーバーフロー 286
大文字 322
重み 018, 187
重み付き入力 134

か行
カーネル 166
回帰 015
学習データ 106, 203, 241
学習率 124, 254, 299

確率 026, 030, 197, 232, 263
隠れ層 017, 067, 140
隠れ層のデルタ 249
画像 028, 265
画像処理 162
傾き 313
活性化関数 077, 093, 176
環境変数 328
関数 337
機械学習 014
輝度値 028
逆伝播 154, 215, 253, 288
行列 246, 322
行列の積 075, 323, 345
クロスエントロピー 204
交差エントロピー 204, 235
合成関数 128, 320
勾配 157
勾配降下法 125, 201, 228
勾配消失 036, 155, 159
コードブロック 336
誤差 109, 201
誤差逆伝播法 035, 154, 228
誤差の合計 114
コメント 332
小文字 322
コンピュータービジョン 162

さ行
最適化問題 117, 313
三次関数 319
シード 029, 239
シグマ 043, 312
シグモイド関数
.... 078, 098, 143, 155, 158, 244, 249
指数 286, 325, 331
指数関数 325
指数表記 331
指数法則 325
自然言語処理 162
自然対数 326
四則演算 330
収束 125
出力層 017, 067, 140
出力層のデルタ 208, 228, 249
出力値 023
瞬間の変化量 314

Index

順伝播 089, 244, 276
初期化 274
真偽値 333
シングルクォーテーション 331
深層学習 022
ステップ関数 076, 156
ストライド 174
スライス 335
正解データ 203
正解ラベル 106
正規分布 275
制御構文 335
整数 330
精度 264
絶対値 113
線形 096
線形回帰 014
線形性 315
線形代数 030
線形分離可能 057
線形分離不可能 057
全結合出力層 289
全結合ニューラルネットワーク 061, 185, 196
層 067, 180, 194
増減表 119
総和 043, 111, 312
ソフトマックス 197
ソフトマックス関数 286

た行
第0層 067
第1層 067
第1層の重み 067
第2層 067
第2層の重み 067
対数 325
対数関数 326
ダウンロード 267
多項式 316
多次元配列 339
多層パーセプトロン 061
畳み込み行列 169
畳み込み層のデルタ 291
畳み込みニューラルネットワーク 023, 162, 265
畳み込みフィルタ 169, 179
ダブルクォーテーション 331
多変数関数 317

単層パーセプトロン 059
チャンネル 183, 270
ディープニューラルネットワーク 022
ディープラーニング 012, 022
底 327
定数 315
デルタ 136
転置 324
導関数 119
特徴検出器 170
特徴マップ 173, 179, 187, 192

な行
内積 043, 345
二次関数 115, 118, 318
二値分類 026, 040
ニューラルネットワーク 012, 035
入力画像 187
入力層 017, 067
入力値 023, 106
ニューロン 016
ネイピア数 326

は行
パーセプトロン 014, 034, 048
バイアス 045, 189
ハイパーパラメータ 242
配列 341, 342
バックプロパゲーション 154
バックワード 154
発散 125
パディング 174
パラメータ 115
比較演算子 333
非線形 097, 155
微分 030, 118, 313
微分演算子 314
標準偏差 241
フィルタ処理 165
フィルタの配列 166
プーリング 177, 215, 284
フォワード 089
浮動小数点 330
太字 322
プライム 142, 314
ブロードキャスト 346
分散 275

Index

分類	015, 164
平均	241, 275
ベクトル	322
変数	331
偏微分	127, 317
ぼかし	168

ま行

前処理	308
ミニバッチ	260, 302
目的関数	117, 259, 302, 317

や行

ユニット	017
要素ごとの掛け算	250

ら行

ライブラリ	327
ラベル	266
乱数	274
リスト	334
ループ	259
累乗	330
列ベクトル	027
ロジスティック回帰	014

コマンド・プログラム

記号

+	330
-	330
*	330
/	330
%	330
**	330
#	332
==	333
!=	333
>	333
>=	333
<	333
<=	333
:	339

A-P

and	334
cd	330
def	337
elif	336
False	333
for	336
if	336
import	339
pyplot.imshow	272

N

numpy	239
numpy.arange	341
numpy.array	339
numpy.astype	341
numpy.dot	346
numpy.dtype	341
numpy.exp	245
numpy.eye	342
numpy.mean	241
numpy.newaxis	239
numpy.ndim	341
numpy.random.rand	239
numpy.random.randn	276
numpy.random.seed	239
numpy.reshape	282
numpy.shape	341
numpy.size	341
numpy.std	241
numpy.sum	257
numpy.T	343
numpy.transpose	344
numpy.zeros	293

O-W

or	334
os.path	267
quit( )	329
True	333
urllib.request	267
while	337

Profile

立石 賢吾（たていし けんご）
スマートニュース株式会社 機械学習エンジニア。
佐賀大学卒業後にいくつかの開発会社を経て、2014年にLINE Fukuoka株式会社へ入社。同社にてデータ分析及び機械学習を専門とする組織を福岡で立ち上げ、レコメンドやテキスト分類など機械学習を使ったプロダクトを担当。同組織の室長を経て2019年にスマートニュース株式会社へ入社、以後機械学習エンジニアとして現職に従事。

STAFF

ブックデザイン：霜崎 綾子
イラスト：はざくみ
DTP：AP_Planning
担当：伊佐 知子

やさしく学ぶ
ディープラーニングがわかる数学のきほん
2019年7月30日　初版第1刷発行

著者　　スマートニュース株式会社 立石 賢吾
発行者　滝口 直樹
発行所　株式会社マイナビ出版
　　　　〒101-0003　東京都千代田区一ツ橋2-6-3　一ツ橋ビル2F
　　　　TEL：0480-38-6872（注文専用ダイヤル）
　　　　TEL：03-3556-2731（販売）
　　　　TEL：03-3556-2736（編集）
　　　　E-Mail：pc-books@mynavi.jp
　　　　URL：http://book.mynavi.jp

印刷・製本　シナノ印刷株式会社

©2019 Kengo Tateishi, Printed in Japan
ISBN978-4-8399-6837-3

- 定価はカバーに記載してあります。
- 乱丁・落丁についてのお問い合わせは、TEL：0480-38-6872（注文専用ダイヤル）、電子メール：sas@mynavi.jpまでお願いいたします。
- 本書掲載内容の無断転載を禁じます。
- 本書は著作権法上の保護を受けています。本書の無断複写・複製（コピー、スキャン、デジタル化等）は、著作権法上の例外を除き、禁じられています。
- 本書についてご質問等ございましたら、マイナビ出版の下記URLよりお問い合わせください。お電話でのご質問は受け付けておりません。また、本書の内容以外のご質問についてもご対応できません。
　https://book.mynavi.jp/inquiry_list/